游戏开发与设计
—技术丛书—

基于Unity与SteamVR
构建虚拟世界

[美] 杰夫·W. 默里 (Jeff W. Murray) 著　吴彬 陈寿 张雅玲 林薇 苏晓航 译

Building Virtual Reality with Unity and SteamVR

U0198117

机械工业出版社
China Machine Press

图书在版编目（CIP）数据

基于 Unity 与 SteamVR 构建虚拟世界 /（美）杰夫·W. 默里（Jeff W. Murray）著；吴彬等译 . —北京：机械工业出版社，2019.1
（游戏开发与设计技术丛书）
书名原文：Building Virtual Reality with Unity and SteamVR

ISBN 978-7-111-61958-1

I. 基… II. ①杰… ②吴… III. 游戏程序 – 程序设计 IV. TP311.5

中国版本图书馆 CIP 数据核字（2019）第 025550 号

本书版权登记号：图字 01-2018-4795

基于 Unity 与 SteamVR 构建虚拟世界

出版发行：机械工业出版社（北京市西城区百万庄大街 22 号　邮政编码：100037）
责任编辑：刘　锋　　　　　　　　　　　　责任校对：李秋荣
印　　刷：北京市兆成印刷有限责任公司　　版　　次：2019 年 3 月第 1 版第 1 次印刷
开　　本：186mm×240mm　1/16　　　　　印　　张：15
书　　号：ISBN 978-7-111-61958-1　　　　定　　价：79.00 元

凡购本书，如有缺页、倒页、脱页，由本社发行部调换
客服热线：（010）88379426　88361066　　　投稿热线：（010）88379604
购书热线：（010）68326294　88379649　68995259　　读者信箱：hzit@hzbook.com

版权所有 · 侵权必究
封底无防伪标均为盗版
本书法律顾问：北京大成律师事务所　韩光 / 邹晓东

The Translator's Words 译者序

　　早在 20 世纪七八十年代，虚拟现实技术就已经进入人们的生活，然而由于体验的问题，当时消费者对这项技术并不满意，许多相关的产品均以失败告终。到了 90 年代，我国开始着手研究虚拟现实技术，由于技术和成本的限制，主要集中在军用和少数商用领域。直到近几年，国内互联网技术日趋成熟，虚拟现实技术才开始蓬勃发展，并越来越普遍地应用于各行各业，逐步得到人们的认可。Unity 是一款广泛使用的游戏开发工具，是集场景创建、脚本编写、三维动画等多种互动内容于一体的专业游戏引擎，可以说是虚拟现实的软件基础。SteamVR 则是一套功能完整的 360° 房间型空间虚拟体验系统，包含头戴式显示器、手持控制器、定位系统等硬件设施，是虚拟现实的硬件基础。简单来说，我们先在 Unity 中开发 3D 游戏项目，之后使用 SteamVR 来体验我们自己制作的游戏。听起来很容易，但是，我们需要记住，虚拟现实仍是一项发展中的技术，涉及的知识领域越来越多，越来越复杂，故对开发人员的能力也有一定的要求。

　　从全球范围来看，国内虚拟现实技术虽然用户数量多，市场前景大，但没有令人满意的开发企业，很多是靠用户自己在开发，故需要很多相关的教程书籍。当前，Unity 的中文书籍有很多，基本能够满足不同层级用户的需求，但这些书籍大都关注于软件开发，比较综合的虚拟现实技术书籍不多，即使有也专业性太强，不好理解。再加上 SteamVR 设备昂贵，普通用户很少有设备去体验，更谈不上利用设备去开发。因此我们认为，市面上存在的关于虚拟现实技术的中文书籍数量和内容都不足以满足国内庞大用户群体的需求，尤其是在开发过程的调试、发布、校准和维护方面，仍然存在较大的空缺。

　　本书英文版是由 Jeff W. Murray 撰写，泰勒 – 弗朗西斯集团旗下 CRC 出版社出版发行的专著，在国外用户群中享有较高的评价。原书内容结合硬件说明和软件设计，通过简单的游戏实例一步步讲解虚拟现实的开发过程，其中包含 VR 硬件初始化、交互场景添加、用户界面创建、音频设置等用户在开发过程中经常会遇到的问题。基于这本英文原书所呈现出来的丰富内容，本着为国内 VR 爱好者奉献一份绵薄之力的初心，我们以崇敬之心力求将这本书原汁原味地呈现给大家，希望能为国内的 VR 用户提供一本内容全面、上手容易的参考书籍。

  作为本书的译者，我们在翻译过程中一直本着客观中立的态度。原书中的一些程序脚本和设置参数可能会因为运行环境而出现错误，或者原书中使用的软件版本已经不是最新。总体来说，原书中的很多方法都是很巧妙的，值得参考借鉴。作为译者，我们也希望读者保持学习的态度，在书中寻求答案，然后结合自己的实际情况，找到问题的解决方法。

2017 年，我们站在一个新技术园区的门口。我们看着其产值，想弄清楚在那里建造什么，以及怎么建造，很明显还有很多东西需要去发现。虚拟世界中没有规律，没有组织，没有边界，也没有我们为他人构建的边界。从哪里到哪里取决于我们。我们只是在学习人们对虚拟现实（VR）的反应，虚拟现实可以做什么，它在娱乐、学习、康复、体验和开发中似乎有无数的可能性。即便是最基本的界面：我们的网络爱好者如何与虚拟世界互动，也尚未决定。在虚拟世界中什么感觉是自然的？我们如何移动、触摸物体、感受对象、操纵环境？有很多人可以使用创建虚拟内容的工具，它们的范围也从未像现在这样广泛，有更多的人提出了令人兴奋的新东西。在提供技术以适应这种新体验的竞争中，硬件制造商正以最快的速度运行，以使 VR 更好、更强、更快。无论跑得多快，技术都不会停止发展和变化，而是将继续前进。我们也学无止境。新技术层出不穷，当你读完这本书的时候，参与开发，并试着塑造虚拟现实的未来，当然这些取决于你。不要害怕打破常规，尝试使用不同于过去的与游戏或模拟交互的替代方法。你是一个有远见的人，可以帮助塑造未来的 VR 风景。未来的虚拟体验将建立在今天的经验之上，所以要不断实验和创造惊人的新事物！最后记住要玩得开心，照顾好自己，也与人交好！

准备工作

你的设置成本将是一台个人开发电脑和你想要插入的硬件，以及所选择的 VR 设备，让我们快速看看还需要准备什么。

Unity（可以在 Unity 商店 http://www.unity3d.com 上找到）：Unity 和所需的 SDK 可以免费下载。Unity Personal 是一个完整的 Unity 版本，只是其中有一些附加说明。你可以用 Unity Personal 做这本书里的所有事情，只要你有一个 VR 头戴式显示器来测试。任何关于是否需要付费版本的 Unity 的问题，你都可以先尝试用免费的个人版本来调试，在投入金钱之前看看

Unity 是如何运作的。

Steam 客户端：Steam 客户端是免费下载的，你可以访问 Valve Software 的库和游戏商店。从本质上讲，Steam 是一个允许你下载和购买东西的应用程序，但是在这本书中，Steam 是一个用来下载和运行 SteamVR 的应用程序。

SteamVR：SteamVR 是一个基于开源虚拟现实库的系统。它为 VR 提供了一个平台。SteamVR 在 Steam 客户端下运行。Unity 将通过 SteamVR 系统与 VR 硬件进行交互。

C# 编程知识：再次重申，这不是一本关于学习如何编程的图书。我将解释所有的代码是如何工作的，但是你需要知道一些 C# 知识，有许多书籍是专门针对 C# 学习的。编程是一门庞大的学科，试图同时教编程和 VR 开发是毫无意义的。这本书讲的是虚拟现实体验，而不是学习编程。当然，我将尽我所能解释一切！

本书的读者对象

Unity 已经用自己的指南和教程完成了一项令人惊叹的工作，所以如果你以前从未使用过这个引擎，强烈建议查看一下 Unity 文档并遵循指南来进行编辑器基本操作。本书中有一个基本的速成课程，但我没有详细说明。我将尽我所能勾勒出流程、键盘快捷键以及在哪里单击以使预料的事情发生，但这不是一本教授 Unity 的书。

这不是一本关于编程的书，也不是一本关于用正确或错误方法编写代码的书。我们假设读者对 C# 编程语言有一定的经验，但是对于 VR 或 VR 为主的开发来说可能是陌生的。我觉得有一点很重要，我是一个自学成才的程序员，我也明白，有更好的方法编写程序，所以这是一本关于概念的书，不可避免地会有更好的方法来实现一些相同的目标。本书中的技术和概念提供了基础，而不是任何主题的最终结果。运用这些概念，领会它们，按照你想要的方式去做。最重要的是，试着享受它！

Acknowledgements 致 谢

我的夫人很棒，我的孩子们也很棒！当我没有动力的时候，他们总是激励着我继续前进。我的生命中有这么棒的人，这是多么令人欣慰啊！

我要特别感谢大家对我工作的信任和对我的大力支持：感谢 HTC 高级公关经理 Michael Zucconi，衷心感谢 HTC Vive 团队的支持。感谢 Leap Motion。感谢整个 OSVR 团队。非常感谢 Noitom 的刘浩洋（Haoyang Liu）和戴博士（Tristan Dai），以及北京和迈阿密的整个 Noitom 和感知神经元小组。在我的研究中，有无数的来源，特别感谢 Alexander Kondratskiy 在博客上分享他的研究和发现，另外感谢 Dan Hurd 和 Evan Reidland 分享的关于 Lucky's Tale 的信息和哥伦比亚大学研究人员分享的他们对运动眩晕症的广泛研究。

感谢 Brian Robbins 让我开始写书，感谢 Freekstorm 游戏公司的 Richard Bang 分享关于 SteamVR 天空盒的技巧，感谢 Hello Games 的《No Man's Sky》（我从小就梦想玩这个游戏），感谢 Tami Quiring、Nadeem Rasool、Dwayne Dibley、Liz、Pete Smyth、Isaac、Aiden、Jonah、Simona、Mike Desjardins、Jillian Mood、Christian Boutin、David Helgason、James Gamble、Oliver Twins、Jeevan Aurol、Rick King、Byron Atkinson-Jones、Aldis Sipolins、Ric Lumb，以及 CRC Press/AK Peters 的整个团队，包括 Jessica Vega 和 Robert Sims，Nova Techset 的每个人，尤其是 Ragesh K。

谢谢你购买本书。希望我能告诉你，知道别人在读这本书是多么棒。VR 的潜力超越了我们长期以来所看到的一切，它超越了形式和惯例。虚拟世界不受限制，开放接纳新思想，它已经在为我们所有人快速发展打开新的视角和旅程。我真的迫不及待地想看看你创造了什么，我真诚地希望这本书能帮助你站立、奔跑。进入那里，创造新的宇宙，并请告诉我什么时候我可以访问它们。

目 录 *Contents*

第 1 章 *Chapter 1*

虚拟世界简介

我们是最接近体验过"真实的"虚拟现实（VR）的人。当然，VR 曾经发光过，但在体验和技术方面，都无法与当前一代相比。如今可以实现的沉浸感（实际存在于其中的感觉）比以往任何时候都要强，而且我们正在用全新的方式与 VR 进行交互。依赖于传统模拟或游戏开发方面的诱惑是自然生成的，但现在是抛弃规则的时候了。你正站在一个规则还没被写出的全新娱乐形式的最前沿。本章从鸟瞰的角度来研究 VR，我们将讨论我们是如何进入如今的消费者级 VR 的，以及挑战是什么，什么是可行的，这些在这一代 VR 开发者的身上意味着什么，以及我们如何去规划和设计它。

这一章并不是对这些主题进行深入研究——其中一些段落可能会成就一个好作品，但是这一章的目的是在我们开始介绍虚拟世界之前给你一个良好的虚拟基础。

1.1 我们虚拟化多久了

虚拟这个词出现的时间或许比你想象的要久。最早的用途之一，很可能是第一次，是出现在作家 Antonin Artaud 在 1938 年发表的文集《*The Theatre and its Double*》（Artaud，1958）中。Artaud 提到了关注剧场以及演员和现实之间关系的"剧场的虚拟现实"。尽管 Artaud 谈论的并不是我们所知道的任何意义上的 VR，但我确实认为 VR 和剧场之间在空间存在和戏剧性使用方面有一些有趣的相似之处。Artaud 认为，剧场是人们寻找人性的地方，是与情感和其他媒体的联系。在某种程度上，他试图描述剧场是如何通过舞台及表演者之间的情感和心理联系来为观众创造一种临场感。在虚拟世界中，使用者需要用与 Artaud 所描述的方法相类似的方式来感受一种联系或临场感。VR 使用者通过情感和心理上的投入来帮助他们与虚拟世界连接并沉浸其中。

当用心理与情绪内容与用户联系起来的工作完成时，我们同样必须去了解我们周围的环境来了解虚拟世界运作的背景以及我们与其进行交互的方法。光线、事物的移动方式、颜色以及世界规模——整个平台对虚拟使用者的感受和他们可能拥有的体验深度都产生了巨大的影响。正如舞台剧可能通过视觉和非视觉暗示来引导观众感受故事，虚拟使用者将不止步于寻找最明显的地方来定义他们的虚拟体验。

1.2 头戴式显示器诞生之前

最早的 VR 模拟之一是一种被称为 Link Trainer 的装置。它本质上是一个使用电机和机械装置来模拟飞行员在空中可能遇到的情况的飞行模拟器，旨在帮助飞行员训练如何应付各种状况并安全地控制飞机，而不必冒险驾驶真正的飞机。这个装置在 1926 年左右就已出现并能够运作的事实让我大开眼界！

科幻小说作家们一直梦想着进入一个虚拟世界，但直到现在我们才真正将要实现真正有意义的现实。当 VR 最初出现在流行文化中时，虚拟世界并没有真正的现实基础，因为将来有一天它需要的技术可能是完全未知的。在 1935 年的短篇小说《 Pygmalion's Spectacles 》中，科幻小说作家 Stanley G. Weinbaum 描述了一副可以为佩戴者提供全息记录的护目镜（ Weinbaum，1949 ）。实现任何预言都需要漫长的一段时间，但通过头戴式显示器或看片机前往其他世界的想法确实已经诞生。

1.3 头戴式显示器的诞生

在 Stanley G. Weinbaum 写完《 Pygmalion's Spectacles 》大约四年后，出现了一种名叫"View-Master 立体镜"的东西。这是一种利用两只眼睛显示不同图像以形成立体 3D 图像的原理来观看照片的设备。View-Master 的一个有趣点是它与现在的 Google Cardboard 具有同等的相似性，即将人们带到他们可能无法在现实世界中游览的位置——虚拟观光。然而，这并不是 View-Master 的唯一用途，美国军方在 20 世纪 40 年代便发现了 View-Master 的潜力，订购了大约 10 万套看片机（ Sell，Sell 和 Van Pelt，2000 ）。

尽管形式不尽相同，但 View-Master 势头仍然很强大。Mattel（美泰）公司制造了常规的双目型 View-Master 看片机，并使其成为一款主要基于智能手机的用于教学和教育休闲的虚拟现实头戴式显示器。

虽然与头戴显示器（HMD）无直接相关，但 Morton Heilig 的 Sensorama 被广泛认为是 VR 的下一个里程碑。它本质上是一个大约商城橱柜大小的 3D 影院单元。Sensorama 于 1962 年获得专利,有立体声音箱、立体 3D 屏幕、振动座椅和可使观众闻到气味的气味风扇。发明者 Morton Heilig 是一个电影制作人。他制作了所有适用于 Sensorama 的短片,并试图制作能让观众有临场感的电影。在电影中,观众们可以感受到自己仿佛亲身在纽约布鲁克林骑自行车。Sensorama 会将空气吹到他们的脸上,并产生类似于这座城市的气味。3D 扬声器会模拟街道的声音,椅子会振动来模拟车轮在路面上滚动的颠簸感。Sensorama 试图使观众们体验到真实的临场感,而不仅是观看电影。无论是否成功,其目标都与如今想要的虚拟世界非常相似,可惜的是,Heilig 的发明没能被出售,也没能被投资,它没能比原型阶段更进一步。

这里是我们回到 HMD 的转折点。在 Sensorama 之后,Morton Heilig 继续研究被称为 "Telesphere Mask" 的东西——第一款 HMD。它的屏幕能够实现立体 3D,但这款设备没有运动追踪功能,因为在那个阶段这个功能还不被需要。Telesphere Mask 仅用于非交互式电影,但它仍是首例头戴式显示器,代表着 VR 迈出了一大步。

一年以后,两位工程师在他们的系统 "Headsight" 中采用 HMD 概念并引入了运动追踪。

Headsight 是 Philco 公司的产物。它具有磁性跟踪系统,并将在阴极射线管(CRT)屏幕上显示图像,由闭路电视摄像机实时提供。该摄像机能追踪头戴式显示器的移动,它可以在需要派遣人类去完成危险任务时代替远程观察现场,这使得这项发明在军事侦查方面具有发展前景。

下一次的技术大跃进是 1968 年,Ivan Sutherland 和他的学生 Bob Sproull 创造了 "The Sword of Damocles"。我很喜欢这个名字,"The Sword of Damocles" 是古希腊的一则趣闻,Damocles 与一位国王交换了身份,然而发现做一位国王比他所预想的还要危险和困难。这句话也用来表达世人必须面对的危险,比如一个王后害怕别人会夺取她的王位,或者犯罪团伙的头目害怕团伙被另一个罪犯接管。

从莎士比亚到视频游戏和电影,你可以在各种文学作品中找到 "Sword of Damocles" 这个词。

Sutherland 和 Sproull 创造的 "The Sword of Damocles" 是第一个采用 HMD 并将其连接到计算机以创建图像的 VR 系统。虽然技术只允许简单的线框图形(按今天的标准),但是我确信在 1968 年进入虚拟世界是一个很惊人的经历。鉴于它的名字,我认为它的创造者可能也有同样的想法。

多年来,军事和医疗领域一直在研究 VR 的应用,但通常都由于预算太高而被拥有雄厚财力的富商拒之门外。从 20 世纪 80 年代中期开始,大众对 VR 的兴趣开始逐渐增长,硬件制造商开始考虑提供 VR 娱乐体验的可能性。尽管大众的兴趣正在增长,但直到 1987

年，VR 这个词才被用来描述这类体验，尽管 Artaud 在近 50 年前就已使用了这个词。Jaron Lanier 的公司 VPL 研究开发了 VR 设备，普及 VR 作为涵盖他从事的一切领域的术语。

VR 街机开始出现是在 20 世纪 80 年代末到 90 年代初之间，但这些机器每台的成本超过 5 万美元，对于大众市场来说太过于昂贵。尽管在 20 世纪 70 年代到 80 年代取得了进步，但与 VR 相关的成本仍然超出了普通大众的可承受范围，消费者级 VR 几乎是不可行的。直到 20 世纪 90 年代，可行技术的应用 VR 最终才开始进入大众的可承受范围。

1.4 消费者级 VR 的探索

你可能会惊讶地发现这里有一个叫"Sega"的名字。在 1993 年，当该公司推出一款名为"SegaVR"的游戏时，获得了很高的评价。"SegaVR"本打算作为"Sega Genesis"游戏控制台的 HMD 插件，发行的游戏包括"Virtua Racing"和"Matrix Runner"，但从来都没有成功过。在测试过程中发现存在技术难点以及会产生头痛和恶心的反馈后，"SegaVR"便从未被发行。1994 年，它在消费者有机会亲身体验之前被取消。"Nintendo Virtual Boy"和"Forte VFX1"的到来使 1995 年成为这个新的消费者级 VR 市场的里程碑。

人们经常提及"Nintendo Virtual Boy"在 VR 的发展中占据了一个关键的位置。我认为"Nintendo Virtual Boy"所做的唯一一件事就是在强调一个问题——让谨慎的公众将他们辛苦挣来的钱交给未经证实的技术。它价格实惠，具有未来感，并拥有一些出色的发行版，但它未能实现其销售目标。媒体猛烈地抨击它，大范围地报道人们体验时的头痛感。也许是因为它质量差又是单色显示器，并且你需要进入游戏中令人不适的位置，又或者事实上是因为它是一个移动的"GameBoy"，内置于现代化的"View-Master"中。这项技术还不够好，因此大众对于 VR 的兴趣慢慢开始减弱。由于当时使用的显示技术类型还是低刷新率的 CRT 显示器，因此即使是真正在体验 VR，使用者在转动头部时还是会看到很多鬼影。它的镜头很难调整，并且 20 世纪 90 年代的 HMD 也令人不适且体积较大，有些重达五磅（约 0.45kg）以上。将电缆的重力也加入受力方程中，使用者的脖子很快便会感到疲劳与疼痛。处理器的低速、镜头导致的眼部疲劳和疼痛、缓慢的头部追踪以及广泛的恶心和晕眩无疑是 VR 接下来五年销售量持续下降的最大因素。

1.5 家用电脑式虚拟现实

经常被忽略的是 VFX1，由 Forte Technologies 公司制造并在 1995 年推出。它需要花费大约 695 美元并且它的 HMD 是一款令人印象深刻的工具包，可以在普通的 IBM PC 386 上玩 Quake、DOOM、Decent 和 Magic Carpet 等游戏。

VFX1 功能丰富。它在三个轴上内置了耳机、麦克风和头部运动追踪。它的显示屏与现在的相差甚远，但当时它的 256 色彩图形在 60Hz、双 0.7″263 × 230 LCD 显示屏呈现得相当优秀。在将这些数字与现阶段的 Oculus Rif 渲染的 120Hz、2160 × 1200 的 OLED 显示屏相比较之前，记住当时的游戏是根据这些类型的分辨率进行的渲染，因此更高的分辨率显示器反而将浪费更多的金钱。在当时，VFX1 已经是一个了不起的、稍微有些昂贵的家庭 VR 系统。它毫无疑问最接近现在的头戴式显示器，但不知道出于何种原因，没有卖出。可能是由于家里缺少适用于 VFX1 的电脑，VFX1 的市场低于 Forte 公司的预期。只有很少的家用电脑的最新高端系统处理器大约运行在 133MHz，甚至没能与现在的 3+GHz 处理器相比。到 1995 年末，3DFX 才推出了第一款家用电脑 3D 图像加速卡 Voodoo（3DFX 交互，1995）。大部分的家用电脑都是低规格与慢速渲染的。显示系统对于使用的头戴式显示器也远非理想。一台配备 Pentium Pro 处理器的新电脑可能会花费超过 1 000 美元，而你还需要另外支付 700 美元购买头戴式显示器。VFX1 及其之前的 VFX2 都不能够让他们的制造商继续经营。

1.6　消费者级 VR 复出

整个 20 世纪 90 年代，VR 在公众眼中都处于高位。它出现在好莱坞电影中，并以其影像定义了一代人。但到了 2000 年，市场却几乎完全消失了。它的技术还没能够满足公众对它的需求，没能创造出让普通人想真正成为其中一员的足够舒适的经验。虽然仍然有一些街机正被使用，但大多数的硬件制造商已经将 VR 视作一个糟糕的商业决策。只有在另一个领域掀起一波技术进步，才能使 VR 凯旋而归。2012 年，众筹网站 Kickstarter 风靡一时，因为它允许发明家、内容创作者和商业人士向粉丝或观众寻求资金帮助。众筹是时下的流行话题，一个名为 Oculus 的有前途的创业者筹集到了他们的资金，让虚拟技术回归了。他们的系统 Rift 承诺创造一个全新并且令人兴奋的 VR，它的前途将比以往任何时候都要光明。它的创造者筹集了超过 200 万美元的资金。消费者们通过这项技术可以在家中拥有更加接近生活且低延迟的体验。

从低帧率、低分辨率显示器上仅使用线框图形的时代开始，VR 就有很长的路要走。如今，通过比一些台式电脑主机更高质量的头戴式显示器，可以以每秒 120 帧的速率播放近乎逼真的视频游戏。但是这是如何实现的呢？为什么现在的技术不能更快了呢？

Oculus VR 的创始人 Palmer Luckey 将技术的进步归功于手机制造商。他的第一个头戴式显示器的原型是由移动电话屏幕连接到散开的零部件而来的。所有技术的获得都发生在了适当的时候。只需要一位聪明的工程师以正确的方式将它们组合在一起即可。小型化、可购性以及屏幕技术、陀螺仪、红外追踪硬件和移动照摄像机技术的改进都为这一代 VR 设备的诞生做出了巨大的贡献。

市面上有许多应用了不同技术的头戴式显示器。你可以以低于 50 美元的价格购买硬纸板 VR，并将其插入手机即可。HTC Vive 提供了一种能够站立着四处走动的房间规模体验，你可以将其转换为带附加设备的无线头戴式显示器。它的硬件现在不仅能够提供体验，并且市场对其的需求也在蓬勃发展。2016 年销售了超过 130 万套头戴式显示器，并且 2017 年的 VR 市场预测则高达 46 亿美元（Statista，2016）。

VR 头戴式显示器已经不仅是戴在你头上的两个屏幕而已，该技术正随着我们尝试解决一些问题来提供更好的 VR 体验而快速发展着。

1.7　VR 的缺点

VR 的制作技术还太新颖，所以我们才刚刚开始发现并解决问题。尽管我们努力使所有功能都能正常工作，但依然会出现一些以我们现在的技术无法解决的问题。

1.7.1　延迟

关于 VR 技术的术语：延迟，通常是指光子运动的延迟。通俗地说，就是屏幕的更新速度与观看屏幕的人移动头部的速度之间存在延迟。

人脑在超过 100 毫秒的延迟时间中可以无障碍理解事物，但会感到不舒服。大脑并不会轻易愚蠢地认为一张图片就是现实。在你转动头部的速度与你在屏幕上看到的东西之间的细小差异就能成为使大脑不舒服的原因。

许多人认为大脑可接受的延迟率低于 20 毫秒。当然，这个数值越低越好。现在的设备能在 10 ～ 20 毫秒之间传输，但只能通过优化技术进行灵活判断或通过"欺骗"显示器更快地刷新来达到这个数值。

延迟在每一代的设备都有被优化，但我们仍然必须通过"欺骗"来达到可被接受的延迟水平。为了能够解决这个问题，John Carmack 和 Michael Abrash 等专家认为我们可能必须回到制图板来从根本上重新设计我们显示系统的工作方式。

由于计算机存在运行仿真和计算之间的延迟，甚至测量延迟也存在问题。开发人员使用高速摄像机来捕捉运动和模拟，并通过逐帧对比两个视频来进行 VR 延迟的测量。

1.7.2　抖动和拖尾

计算机图形卡通常以帧格式渲染，速度快到我们的眼睛看不出刷新之间的任何中断或差异。VR 存在的问题是我们正在构建一个需要与身体同步工作的界面，而显示器试图"欺骗"大脑来使之认为它看到了虚构的东西。

鉴于显示屏只能渲染有限范围的视野，HMD 旨在用广泛的视野围绕观察者来取代真实的视觉。看起来可能不像，但你转动头部并沿同一方向移动双眼的速度会带来帧更新的感知问题。拥有更广泛的视野意味着你的眼睛需要浏览比传统显示器更长的距离，这就是 HMD 显示器的一个主要问题。

鉴于现实世界的更新平稳连续，帧以固定频率在固定时间间隔内刷新。当眼睛的移动速度快于显示器时，我们的大脑没有内置的系统来填补帧之间的空隙。我们可以采用几种方法来减少或隐藏影响，但它们也有副作用需要被解决。将帧率提高到比当前图形渲染技术还高可能是唯一能够解决这个问题的方法。

1.7.3　纱窗效应

纱窗效应指的是屏幕上像素间的可见线。这个效应因为像透过一个纱窗向外看而得名。在 VR 头戴式显示器中，纱窗效应是由于镜头需要放大并聚焦在头戴式显示器的屏幕上来提供所需要的视野而产生的。小屏幕技术还在不断改进，但纱窗效应却无法在短期内完全解决，因为要消除该效应需要彻底解决分辨率大小的问题。计算机拥有更高分辨率来进行渲染不仅需要消耗更多的电力，而且还需要更加昂贵的屏幕技术，但该技术目前还没有出现。值得庆幸的是，一旦你进入 VR 并开始享受其中，纱窗效应就会逐渐变小。虽然我们知道它就在那里，但 VR 的内容会让我们为了享受体验而忘掉它。

在撰写本文时，Razer 的 HDK2 头戴式显示器拥有唯一包含 I.Q.E（图像质量增强）的 HMD 技术，据说能够显著降低纱窗效应。尽管它可能无法被彻底根除，但像这样的技术有助于体验者逐渐忽视纱窗效应。

1.7.4　晕眩

尽管许多问题都已被解决，但运动晕眩症状从一开始就困扰着 VR 产业，就连 NASA 也还没找到解决方案。有几种理论能够解释为什么人们会在 VR 体验中感到晕眩，通过那些理论我们可以在某些情形下减少晕眩，但还没有找到最根本的原因来解释为何 VR 会导致使用者产生晕眩，这给 VR 开发者留下了一个难题。在第 12 章中，我们将通过一些最常见的问题和解决方案来寻找一些方法以减少运动晕眩的影响。我们可能无法解决这个问题，但有一些工具可以让使用者减轻这个症状。可供选择的方案越多越好，因为每两个人都不会以完全相同的方式感受到 VR 晕眩的影响。

1.7.5　期待哪些体验

在 Rift 成功获得 Kickstarter 的资助后，其低成本开发工具包（作为支付一定金额的支持者的一种福利）给小型开发人员团队和小型工作室提供了购买尖端 VR 技术的机会。该公司被 Facebook 收购后，他们似乎摆脱了早期以开发人员为中心的方式，而开始更多地关注消费者。随着 Rift 逐渐找到一些稳定的基础，HTC 已经将 Vive 整合到游戏社区中，并且其创新已远远超过坐式的 VR 体验所能提供的。

虽然对于房间规模的市场有点晚，但 Rift 通过购买额外的追踪摄像机和控制器可以为使用者提供追踪手柄和房间规模支持。触摸板相当于 Vive 的棒状控制器，通过两个或多个连接电脑 USB 缆线的摄像机来追踪游戏区域。推荐的游戏区域大小要小于 Vive（Lang，2016）携带的两个摄像机 Rift 设置的 5 英尺 ×5 英尺（1 英尺 ≈ 30.48 厘米）的覆盖范围，但购买更多的追踪摄像机可以使游戏区域超过 10 英尺。我不会在这本书谈及触摸板，但我将在第 9 章详细介绍 Vive 的棒状控制器。

1）开发工具包 1

Rift 始于 2012 年 8 月 1 日的 Kickstarter 众筹活动。第一波 HMD 奖励给了捐助 300 美元或 300 美元以上的支持者。这是 VR 的改变者，能够用低于新电脑价格的钱在家中体验真正的 VR 游戏。

第一个样本游戏具有令人难以置信的新奇价值，因为大多数用户从未体验过类似的东西，并且人们第一次体验 VR 的视频很快便涌入了 YouTube 等视频网站。我自己的 DK1 样本 ParrotCoaster 曾在包括 BBC 等新闻网站上展示过，它还显示了使用者体验虚拟过山车时感受到恶心时的反应。VR 使用者分享的无数充满喜感反应的体验视频无疑有助于大众接受 VR。尽管 DK1 仅供开发者使用，但公众对 VR 重新燃起了兴趣却是显而易见的。电视、杂志、新闻报道使 VR 在 20 年来第一次成为公众关注的热门话题。

从一方面来说，这是 VR 的创新和实验时期。但另一方面，大多数开发者（包括我自己）都着重于试图重现现实而不是创造一个新的事物。第一波 VR 体验大部分都是通过 HMD 呈现出处于模拟中玩家的第一视角，而将 VR 应用到各种领域也意味着只有有限的开发者能够真正脱颖而出。

除了在 VR 建立的基础上体验外，我们还看到很多第三方修改器对诸如 Minecraft、Mirror's Edge、Skyrim 等现有的游戏进行了修改，即使这些游戏不是为了 VR 体验而设计的。能够进入游戏的世界并能够环顾四周是非常棒的，但是很多游戏根本不适应新的技术。在 VR 中显示并不麻烦，但用户界面、游戏设计和游戏交互却并不适合这些媒介。出现的问题还包括你需要在看不见按键的情况下使用键盘或者点击几乎不在你视野范围内的按钮。DK1 显示器以相对较低的分辨率显示，其显示效果远低于一般的桌面显示器，使得它不能被用于需要调用许多用户界面的环境。大多数游戏显示在屏幕上的文本都因为字体太小而难以阅读，但这也不仅仅是界面导致的问题。一些不支持第三方的系统已经被开发出以支持如 Skyrim 和 Mirror's Edge 等主流 AAA 游戏，但由于这些游戏并不是为 VR 而设计的，因此存在着许多的问题，如界面问题、Mirror's Edge 的摄像机系统问题等，都对 VR 不太友好。

Mirror's Edge 的玩家以第一视角在建筑物顶部进行一些跑酷动作。DK1 技术存在局限性，事实上大部分的设计选项都是基于台式显示器而不是 HMD，许多早期的游戏体验给玩家带来了极度的不适，因此人们无法在游戏上多玩几分钟。值得注意的是，有些人可以适应这些东西，并不会产生恶心和晕眩，但大多数用户都会受到较为严重的影响，他们认为 VR 并不适合他们。尽管有一些开发者直接签署了下一代的协议，但许多 DK1 的拥有者都选择等待，看看未来是否有可能减轻或根除晕眩症状。

2）开发工具包 2

第二款 Rift 开发工具包发布于 2014 年 7 月，被称为 DK2（开发工具包 2），超越了 DK1 的 640×800 像素显示器，升级为 1200×1080 像素。最重要的变化之一是从 LCD（液晶显示器）升级为低持久性的 OLED（有机发光二极管显示器）。LCD 的移动响应速度导致了 DK1 的拖尾和抖动等问题，因此 OLED 提供了更快的效应时间。低持续性意味着像素会以更快的速度更新并且在短时间内被点亮，从而减少拖尾和抖动问题。除了视觉上的改善以外，DK2 相比于 DK1 更减轻了使用者的晕眩感。也许可以天真地说，转换到低持续性的 OLED 显示器便可以完全解决使用 VR 时晕眩的问题。当然，我们知道情况并非如此，它可以帮助我们减少 VR 晕眩的影响，却不能根除，因为晕眩很可能不仅仅是由一个原因导致的。

DK2 同样具有位置追踪功能，这意味着使用者可以在虚拟世界俯瞰或环顾物体。这一特点打开了 VR 的新一波体验狂潮。

正是在 DK2 期间，VR 开始真正在游戏行业中获得驱动力，越来越多的大型游戏开发公司在他们的游戏中添加了原生 VR 支持。

1.7.6　消费者级 VR：Rift CV1 和 HTC Vive

随着 VR 逐渐成熟，VR 已经从复制现实转向更全新形式的娱乐。其中一种进化的形式是"虚拟现实电影"。VR 电影是发生在观众身边的故事。描述这个体验最好的方法就是想象演员在你身边表演，虽然你不能移动，但却可以四处观看。在撰写本书时，正式商店中已经有超过四部 VR 电影。其中一部名叫《Henry》的电影讲述了一只喜欢拥抱的小刺猬 Henry。它生活在一个美妙的卡通世界里，这个卡通看起来耗费了很多资源，就像《玩具总动员》或《赛车总动员》一样。Henry 并没有太多的朋友，因为当它拥抱他人时，它们会被 Henry 身上的刺所伤。在这个故事中，Henry 许下的生日愿望实现了：一些气球动物拥有了生命。电影需要添加许多效果来使它更精彩，包括光线、世界的规模、音效以及配音。所有的效果添加在一起创造出的不仅仅是一种氛围，更是一种仿佛身在 Henry 小房子里的真实感。你可以通过设置正确的光线、环境、声音和空间来给人们展示一个新的世界，让他们有身临其境的感觉。电影《Henry》说明将观众带入虚拟世界并不仅仅是真实的或现实的影像，而是在空间中全面地创造一个存在。

独立电影制片人发现 VR 可以成为讲述故事的好地方。

作为 CV1 包装的一部分来提供的游戏是《Lucky's Tale》。表面上看，这款游戏像一个普通的 3D 平台游戏，主角是一只叫作 Lucky 的小狐狸。它的朋友 Piggy 被某种巨型触手怪物所俘获。玩家的任务是以第三人身份来控制 Lucky 通过众多的关卡前去拯救 Piggy。也就是说，摄像机追踪的是 Lucky，而不是它的视野。

1.8　可以像内核一样进入电脑吗——VR 面临的困难和挑战

好莱坞描述了一个超越空想的虚拟现实。大部分电影的表现形式表明电影是一种可以创造所有感受的技术，使观众无法区分电影与现实。图像、声音、四处移动以及与世界交互都十分逼真，简直是现实世界的完美复制品。在撰写本书时，在虚拟世界中很好地使用我们的身体都难以实现，更不用说味觉或者嗅觉。有些旧问题需要解决，新的问题也需要解决，以及我们与虚拟世界交互的各种方式或虚拟世界与我们交互的方式都需要解决。随着技术的发展，使用的 VR 语言也在发展。

1.8.1　运动追踪和运动捕获输入设备

基于摄像机的追踪在游戏行业中并不陌生，开发者也渴望在虚拟世界中使用现有的技术。微软的 Kinect 摄像机已被试用于全身追踪，但效果却有限。其中一个问题是摄像机只能追踪一个角度，这个问题可以通过设置多个摄像机来解决，从而建立追踪主体的完整图像。第一代 Kinect 设备虽然在最新型号上有了显著的改进，但视频图像质量却很低。也就是说，由于光线和环境照明会严重影响追踪质量，因此摄像机追踪总是很棘手。有些光线设置可能会使其完全失效，但有些却能提供一个完美的追踪比率。尽管在受控环境（工作室等）中这样做很好，但为了正确地解决问题，获胜的解决方案需要能够无视环境光线工作。

Perception Neuron 是由 Noitom 制作的一套动作捕捉套装。Neuron 使用的是一种被称为 IMU（惯性测量单元）的东西，而不是采用传统的摄像机进行运动捕捉。该套装有数个惯性跟踪器连接到背部的小型集线器上，通过 USB 或 Wifi 连接将位置信息发送到计算机上。除了作为动画和运动研究的捕捉设备之外，Perception Neuron 越来越多地被用于 VR 模拟。通过提供全身运动捕捉，Neuron 提供了一种有趣的交互方式，即以直观的方式与虚拟世界进行交互。

Leap Motion 是由 Michael Buckwald 于 2010 年创立的公司，主要着眼于基于摄像机的手动追踪技术。最初，Leap Motion 旨在用作电脑鼠标的替代品。Leap Motion 允许用户使用手和手指在屏幕上通过使用手势等进行操作，而不是使用鼠标在屏幕上移动指针。随着 VR 的发展，Leap Motion 和 HMD 不可避免会合作。VR 社区在不久前开始使用带 HMD 的

Leap Motion。最早将 Leap Motion 用于 VR 的尝试很复杂，因为 Leap 设备的理想放置角度是将其朝上放置在桌上，正如它最初设计的用法一样。与 VR 相配合，Leap Motion 装置在 HMD 前部安装时效果更好。这种角度的改变需要一种不同的方法。在目前的公测中，Leap Motion 提供了一款名叫 Orion 的软件，是一款专为 VR HMD 定制的手动识别系统。使用小型安装板（或将 Leap 设备连接到显示器前部的胶带或平头钉上），使用者的手和手指能被 Leap Motion 追踪并以 3D 模型在虚拟世界中重现。

1.8.2　触觉反馈

追踪身体将有助于增强 VR 的真实感，但触摸、感觉或感受虚拟世界的物理影响会如何呢？我们称这些为触觉反馈。许多常规的游戏控制器以控制器振动的形式来提供触觉反馈，你可能在 Playstation 或 Xbox 控制器上感受过这一点。HTC Vive 控制器也具有振动功能，可以使虚拟世界更加真实。例如，我最近在玩的一个游戏，玩家手持一把剑和一枚盾牌。剑由右侧的控制器控制，盾牌由左侧的控制器控制。游戏并不能阻止我用剑刺穿盾牌，但是当两个物体发生碰撞时它确实发生了一点振动。这些微小的反馈突出了发生的事，并且让我有事物实际存在的感觉，而不仅仅是一张我正注视的图像。

除了控制器反馈，还有一个技术反馈系统称为 TeslaSuit。TeslaSuit 将不同振幅的脉冲、频率和脉冲范围发送到电极。电极刺激佩戴者的皮肤、肌肉以及神经末梢以产生反馈。从本质上讲，它是一套当计算机发出指令时便电击你的套装。它的模块化设计允许扩展，例如可以解决全身运动追踪的运动捕捉模块。然而，在撰写本书时，这项技术仍处于发展中，其最终功能还未完成。

其他触觉反馈系统往往更集中于身体的某些特定部位，解决如手指和手通过手套触摸而不是通过一整套衣服的问题。Phantom Omni® Haptic Device 提供了一种看起来像是附在机械臂上的笔。当你移动笔时机械臂产生反馈，仿佛是笔正在碰触虚拟世界中发生的任何事情。提供与计算机生成环境交互的触觉方法在医学培训和模拟领域十分有前景。

1.8.3　视觉追踪

除了了解我们的身体在 VR 中做的事之外，还需要了解使用者正在看什么。像 Fove、Tobii Tech 和 SMI 等公司相信视觉追踪在 VR 的未来占据重要的地位。通过视觉追踪，计算机检测头戴式显示器中使用者的视线并且将信息反馈回模拟器中进行处理。这项技术对于在虚拟世界中的面对面会议或与 NPC 的高级交互十分有用。例如，一个交互可能就有一个化身，当你看着他们的脸时他们也会看着你，或者某个化身与使用者关注同样的背景对象并对其发表评论。视觉追踪还可能改变面向残疾人对象时的游戏规则，使他们仅仅通过视线来进行控制和交互。

1.8.4 空间和移动

Vive 的出现标志着在物理空间中移动的巨大飞跃。房间规模 VR 能够通过硬件追踪你的实际位置来显示你在虚拟世界中的位置，并且你可以自由地在真实世界中走动。这个范围是客观的，并且可以在一个大房间中追踪使用者。但是为了拥有更大的自由移动空间，能够追踪更大范围的解决方案也正在探索中。

Vive 将传感器内置在头戴式显示器中来检测激光束。基站发射出一束覆盖房间的激光并由 Vive 的许多内置传感器检测到。基于检测到激光束的传感器以及激光束的角度等可以识别头戴式显示器的位置和转速。其他的头戴式显示器使用基于摄像机的方法，在头戴式显示器上安装多个红外 LED 来识别一个或多个摄像机。由摄像机检测到光束的位置，再通过计算得到头戴式显示器在空间中的位置和转速。两种方法都有其优缺点，并且这两种方法都面临着扩大游戏空间的挑战。准确的检测结构需要进行清晰的检测，这可能导致价格超出可承受范围。使用现有的方法来进行位置追踪需要找到范围和成本间的平衡点。目前，仓库尺寸的追踪价格超过了普通家用追踪的价格。大型追踪系统的成本可能超过 15 000 美元。

最终，我希望头戴式显示器能够在内部包含移动设备或由移动计算机驱动。在移动技术达到高端桌面游戏计算机的水平之前，在大型环境中我们遇到了如何能够高效安全运行电缆的问题。特别是 USB 电缆在不需要增加的前提下多久会受到限制。为了避免将电缆从电脑连接到头戴式显示器产生拖拽，有一种解决方案是可穿戴计算机。就像背包电脑一样，计算机的尺寸与重量和笔记本电脑相似，专门作为背包携带。它们适用于大型 VR 模拟，并且已计划在不久的将来使用这种技术向公众开放激光标签式 VR 体验。

如果你没有大仓库，但你仍想要在 VR 中真实地移动，那么你需要的可能就是所谓的运动平台。穿着特殊的鞋子，使用者的脚在平台上滑动。运动平台检测移动数据并在虚拟世界中应用数据来移动它们。

1.8.5 虚拟现实内容制作

有几种不同的拖放系统正在开发中，用于创建从简单的 3D 模型到原物尺寸模型的 VR 的不同类型内容。

EditorVR 是 Unity 目前的实验系统，它将使 Unity 的开发人员直接在 VR 内工作，而避免重复戴上显示器、预览、脱下显示器再编辑等复杂的操作。这种类型的工作流程适用于 VR 开发，但要使其易于使用、直观且保证开发人员不会过度疲劳，还需要克服许多的困难。

与 EditorVR 联合的项目是 Unity 的 Carte Blanche。Carte Blanche 是一个基于 VR 的编辑器视口，可以为非技术用户提供 VR-in-VR 的创作工具。这种能够充分利用运动控制器来追踪手势和手的移动的拖放系统已被提出。这个系统离实现仍有一段距离，还处在早期的概念阶段。但 Carte Blanche 开始了内容生成如何在未来的 VR 中发挥作用的尝试。

1.9　虚拟现实设计和发展

如果你已经有了一个游戏设计计划，或者计划如何在你的虚拟世界中实现所有交互，那么最终的工作系统很可能会与原想法完全不同。测试和迭代将成为制作过程的重心，摸索正确的过程将覆盖你本以为正确的设想。在 VR 设计中，预先规划似乎是一项艰巨任务，但我们可以通过传统软件和游戏设计来寻找一些解决办法来解决可能会发生的变化，并随着发展而不断演变。这不是 VR 独有的问题。任何软件的设计都是一个学习的过程，没有人能预测什么将会被涉及或者什么将会阻碍未来的路。在任何软件的开发中，调试是解决和消除不确定的负面问题的过程。硬件、操作系统、中间件、网络连接等与创造的人类元素相结合，思考和解决问题的不同方法——有许多不可预测的因素将会发挥作用。

在这一点上，我拒绝就项目管理的不同方法以及哪种方法更好进行争论。这个争论永无休止。如果向电子游戏的两个制作人询问最适合电子游戏的制作过程，你可能会得到两个不同的答案。我希望寻找的是管理流程的几种方法，而不必过多关注任何专案项目的管理方法。

1.9.1　计划：任何计划皆可行

当项目只有一个开发人员时，制定计划是一个很好的方法，可以让事情沿着正确的方向前进。就个人而言，当我独自工作时我喜欢罗列出需要做的所有事情。我会从一个大纲开始，然后对其进行详细说明并继续分解内容，直到我能够看到我需要构建的所有系统内容。这样我可以看到项目的大致范围，并且可以思考在我开始这些部分以前可能导致的任何问题。在这个阶段中并没有特别详细的部分，只有一份工作清单。只要我想，我可以尽可能多地分解它们，或者将它们留在特定区域的规划图中。当动机开始模糊并且事情变得艰难的时候，我可以进一步细分我的任务列表，这样我可以在特定的日子里能够有一些东西来检查。能够有一个项目进行检查，无论这个项目有多小，都能感觉有进展，并且这个进展是好的！

当一个项目有多个开发者时，如果每个人都能知道自己应该做什么，或者至少应该往哪个方向努力，那么项目就会进展得更轻松。

当你对这个项目所需的系统有一些想法时，主要的优点就是你从一开始就知道自己的优势和劣势。通过分解看起来最为可怕的任务，每个任务都可以被分为易处理的部分，或者你可以花更多的时间去研究如何构建它们。

1.9.2 提前安排主要交互

用户使用最多的交互是最重要的，首先开发交互，然后再开发周围的一切。例如，你的项目需要使用虚拟电源工具，你需要通过确定工具的工作方式、用户转换不同工具的方式以及工具如何应用于环境和整体体验来开始开发过程。

在完全投入生产之前，需要反复测试原型和核心控件。

1.9.3 真人测试

你的团队可能是他们所处领域中做得最好的，但是没有人能像新用户那样打破你的经验。在测试过程中倾向于发生的事情是你将注意力集中在特定的区域，并基于用户的期望遵循体验特定的路径。但新用户会尝试你可能并不期望的事情，这往往会引导你发现可能藏在显而易见处的问题。

让其他人来进行测试（其他人没有参与制作）的另一个好处是能看到他们的直觉是否与你的直觉一致。让你的交互系统由新用户来测试，你将很快通过一些不可预测的使用方式发现问题。

如果你了解其他的 VR 开发人员，他们可能给你的项目带来另一个技术观点，但是对于真实的情况，你可以通过经验丰富和缺乏经验的两种用户来进行测试。

1.9.4 寻找合作与流程

切换模式、游戏状态或虚拟设备应该是整个体验中更大的一部分。在虚拟世界中一切工作的方式都应有一定的凝聚力，基于跨多个系统的思想一致性。用户根据其他体验带来自己的习惯和期望——无论这些经验是来自现实世界活动或是模拟或是视频游戏，我们都可以利用它们来平滑地过渡到虚拟世界。我们从游戏控制器上能看到许多共同点，比如某个按钮在赛车游戏中的作用，都是通过共同意见来实现的，而这些都是最好的做事方式。不仅仅是因为意见，当我们应用这些共同点时，我们可以很流畅地切换模式或是改变游戏状态。

如果你希望用户也这么做，那么请确保切换项目是容易的。请确保系统切换时能够保持一致性。这种一致性能使用户在它们之间轻松转换。例如，从激光枪转换为光剑可能有相同开启或关闭的方法。

1.9.5 真实性不是绝对的

仅仅因为从数学上或物理学上某些东西是现实的，并不意味着它会在虚拟现实中就会感觉真实。现实世界与虚拟世界不同，它是一个具体的地方。

当我写这本书时，我遇到了一个最好的案例。它开始于我编写一些代码来控制 HTC

Vive 控制器拾取和投掷物体。当我拿起一个球并将其扔下时，我感觉并不自然。有时候我觉得我没有用足够的力量以一种正确的方式投掷物体。我在代码中添加了一个简单的乘法器，它复制了控制器的速度和转速，并且我觉得一切突然感觉良好。在这种情况下，这并不符合现实，我给予了使用者超人的力量，但它有助于虚拟世界更好地工作。

1.10　本章小结

在本章中，我们了解了 VR 是如何从军事和科学模拟走向 2016 年我们所经历的消费市场。我们研究了 20 世纪 90 年代的设备并且着重研究了它们的主要缺陷。在宣布 VR 已经改进以往的问题并投入使用之前，我们看到了一些无法解决或仍处于解决过程中的问题。Holodeck 的完整体验还没有实现，还有一段漫长的路要走。

本章我们虽然着眼于许多输入选项，但我仍将专注于仅使用 HMD 和远程遥控器或游戏控制器。Rift 附带一个 Xbox One 游戏控制器，但你将能够用本书后面所示的相同方法来使用 Xbox360 控制器（有线或无线）。

Chapter 2 第 2 章

硬件初始化设置

当我刚拿到 VR 头戴式显示器时，十分兴奋。在我还是个孩子的时候，便一直梦想着去世界各地旅游。在这项技术足够强大之前，我便开始了虚拟梦，但能够创造属于我的世界并进行虚拟观光是以前从未想过的。我还能记得在 9 岁或 10 岁的一个晚上，我坐在车后，当路过路灯，我从车窗看向它们，每个路灯离我越来越近，然后再逐渐消失在夜晚中。在路过它们的时候，我曾想象未来能在计算机中绘制三维图形，并以像素为单位来制作路灯。但我从没想过我们会拥有现在这样逼真的 3D 绘图技术，更不用说能够进入 3D 计算机世界并探索它们！

VR 的到来使我非常兴奋，我想全身心投入，然后走得更远。遗憾的是，我还有很多需要学习。

2.1 配套硬件和软件需求

很快我意识到我的旧图像显卡——Gigabyte Radeon R9 280，并不能以稳定的速度提供清晰的高分辨率 VR。280 是一张性能很好的卡了，但是 VR 推荐的规格需要 290。我以为只需要在高端 VR 中降低细节水平即可，但事实并非如此。我发现所有 VR 都存在视觉抖动，就好像图片无法完全跟上我的行动。我的图像显卡可以以每秒 60 帧或更高的帧速来运行大多数的现代游戏，但对于 VR 来说还远远不够。我还发现我需要额外的 USB 端口，但后来我有了一个相当划算的解决方案。

VR 推荐的规格惊到了很多人，因为许多人都表示 VR 已经足够昂贵，无须购买新的计算机来体验它。倒不是说 VR 不能在较低规格的系统上运行，而是不想让你尝试在低规格的

VR 系统中体验。因为较低的帧速、输入系统的停顿或延迟可能会完全摧毁体验感。虽然这样非常昂贵，但体验的效果会更好。

2.1.1 HTC Vive 推荐规格

如图 2-1 所示：

❑ GPU（图形卡）：与 NVIDIA GeForce® GTX 970、AMD Radeon ™ R9 290 相当或更高

❑ 视频输出：HDMI 1.4、DisplayPort 1.2 或更新版本

❑ CPU（处理器）：与 Intel® i5-4590、AMD FX 8350 相当或更高

❑ RAM（内存）：4GB 或更多

❑ USB：1 个 USB 2.0 或更好的端口

❑ 操作系统（OS）：需要 Windows 7 64 位、Service Pack 1 或更新的 Windows 操作系统

2.1.2 OSVR HDK 推荐规格

HDK 头戴式显示器（图 2-2）旨在尽可能多地兼容不同的系统，从而降低入门障碍。所需要的具体规格要求根据你希望达到的体验而不同。用 Razer 的话来说，根据 OSVR 网站，你需要一款中高端的游戏 PC（GTX660 或 AMD 相当的显卡，Intel i5 3.0 GHz 或 AMD 相当的 CPU）。硬件越强大越好，在这方面天空才是极限。对于中端 VR 体验而言，我会推荐 Intel i5 3 GHz 或 AMD A8 6500 3.5 GHz 搭配良好显卡 GeForce GTX970 或类似的显卡。也就是说，如果你想要拥有像《Ubisoft's Project Cars》或《Frontier Developments Elite Dangerous》的高端体验，你可能就需要一个更接近 Vive 规格的系统。

图 2-1　HTC Vive 头戴式显示器（由 HTC 提供）

图 2-2　HDK 头戴式显示器

2.1.3 Rift 推荐规格

如图 2-3 所示：

❑ GPU（图形卡）：与 NVIDIA GTX 970 或 AMD R9 290 相当或更高

❑ 视频输出：HDMI 1.3 视频输出（直接接在显卡上）

❑ CPU（处理器）：与 Intel i5-4590 相当或更高

❑ RAM（内存）：8GB+RAM

❑ USB：

● 需要三个可用 USB 端口（2 个 USB 3.0 端口）

● Touch 控制器需要额外的 USB 3.0 端口

● 房间规模需要额外的 USB 端口（每台摄像机 1 个，这意味着 2 ～ 4 个额外的 USB 端口用于房间规模）

图 2-3　Oculus Rift 头戴式显示器

❑ 操作系统（OS）：需要 Windows 7 64 位、Service Pack 1 或更新的 Windows 操作系统

❑ HD（磁盘空间）：4GB+ 可用空间

2.1.4　兼容性工具

如果还没有购买为 VR 组装的电脑，你能做的最好的事就是运行 HMD 制造商提供的兼容性测试。单单期望头戴式显示器能够使用是不值得的。这可能会让得到头戴式显示器的第一天就失望！制造商的兼容性工具会告诉你是否已经拥有合适的硬件或组件，如果有不合适的，需要更换。

在下载任何工具到计算机之前，首先必须更新显卡驱动程序，这点很重要。

安装好最新的驱动程序后，可以下载头戴式显示器的工具。

1）Steam VR 性能测试工具

打开 Steam 客户端并搜索 Steam VR 性能测试，或者可以在 Web 浏览器使用 URL http://store.steampowered.com/app/323910/，从中打开 Steam 客户端（图 2-4）。这次下载大小超过 1GB，你可以在等待的时候喝一壶茶。

点击标记为 Free 的绿色按钮开始下载。测试下载完成后，客户端启动 Steam，并查看相关内容。

2）Rift 兼容性工具

从 https://ocul.us/compattool 下载 Oculus 兼容性工具并运行它。该工具将检查计算机的空间并根据可能没有达到标准的方面提供建议（图 2-5）。这次下载的内容很小，大约 7MB。

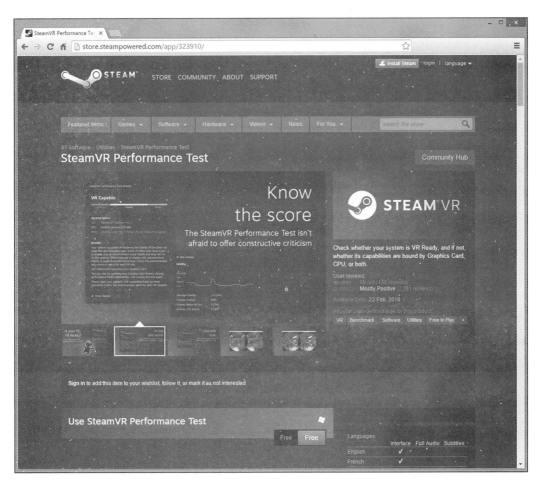

图 2-4　SteamVR 性能测试可以让你知道你的计算机系统是否准备好进行 VR 体验

3）OSVR 兼容性

没有可用于 OSVR 的兼容性工具，但如果你正在寻找与 Rift 或 Vive 类似质量级别的 VR 开发工具，那么可以使用 SteamVR 性能测试。这将能够很好知道系统是否可以很好地运行。OSVR 的最低规格罗列在本章后面，比其他两款头戴式显示器要低，你应该能从中端或更高的（NVIDIA GTX660 或 AMD 相当的、Intel i5 3.0 GHz 或 AMD 相当的）游戏 PC 进入 VR。但它确实取决于你希望运行 / 开发的各种体验。

2.1.5　处理兼容性工具结果

如果你不知道如何升级你的系统，最好让专业人员修改计算机组件。大部分电脑商店可以现场升级，或者他们会向你推荐能够进行升级的人。诸如安装显卡或者增加内存等对于专业人员来说不会花费太多时间，但要记住的是，你可能是众多等待者中的一个，在你之前，可能有一些系统需要处理。所以请保持耐性，善待为你执行电脑业务的人。

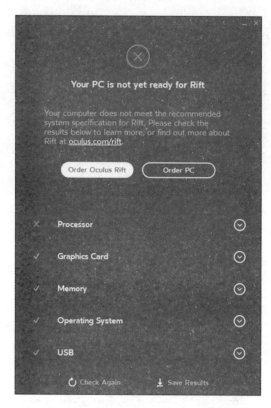

图 2-5　Rift 兼容性工具将反馈你的系统是否准备好 Rift 体验

1）图像显卡

如果图像显卡被兼容性工具标记，那么你可能需要考虑采购新卡，以便能够享受更好的 VR 体验。如果显卡不在推荐的规格范围之内，可能会使图形处理单元（GPU）超频以获得一个更快的速度，这可能会让你至少体验一些 VR 所提供的功能。当然如果你能负担得起，升级是最好的选择。新的 VR 图形显卡具有特定的功能来增强旧设备所不具有的 VR 渲染功能。

2）USB 端口

Rift 需要至少三个 USB 端口才能工作。其中两个需要 USB 3.0，在两年或三年时间的系统上可能会出现问题。在修改任何内容之前，请检查已插入计算机的内容，以查看是否有任何可拔出的内容来为新硬件腾出空间。使用 VR 时，如果有插入的外部设备，如网络摄像机、独立麦克风或其他类似的设备，那么该外部设备将无法使用。因此在需要的时候，可以随时拔掉它们以便为头戴式显示器腾出空间。

如果没有足够的 USB 端口，也不需要扔掉电脑。如果主板有一个备用的外围组件连接（PCI）插槽，可以购买一个 PCI 卡来提供一些新的 USB 端口。该安装相对简单，只需在主板上找到一个空插槽并将其插入即可。但如果你完全不懂，请将计算机送到专业维修店让专业人员安装，因为不值得电脑冒险！

PCI 卡目前的售价为 30 美元左右。如果缺少 USB 端口是系统唯一的问题，那么 PCI USB 卡相比于替换系统而言，是一种便宜且简单的解决方案。

2.2　安装 SteamVR

硬件准备好后，需要下载 Steam 和 SteamVR 应用程序。这些应用将被 HTC Vive 及本书中的所有实例需要。所有的例子都是针对 SteamVR 和 Unity 的 SteamVR 库。但是，完全可以在不使用 Unity SteamVR 库的前提下开发 VR 应用程序，如使用特定硬件的库或 Unity 的本地 VR 支持。但是使用 SteamVR 库的最大优势是头戴式显示器之间的跨平台兼容性。SteamVR 库中还有一些其他精华，如可以帮助用户了解房间规模 VR 边界的 Chaperone 系统。我们不会对 Chaperone 做太多细节的介绍，因为它没有涵盖太多的东西。你所需要知道的就是当用户靠近边界，Chaperone 会显示一个网格来显示这些边界的位置。这对用户来说既是指示又是警告，告诉他们不要再进一步靠近最近的边界。通过修改追踪空间可以禁用 Chaperone，但除此之外，这个过程是自动的并由 SteamVR 系统处理。

2.2.1　安装 Steam 客户端

要获得 SteamVR，首先需要 Steam 客户端软件。传统上用于购买和安装游戏的 Steam 已经发展到具备各种软件、VR 库和应用程序。首先下载 Steam 客户端是很有必要的，如此接下来便能够安装 SteamVR 以及 SteamVR 所需要的所有游戏和软件。

从以下地址下载 Steam：http://store.steampowered.com/。

查看主页面顶端的 Install Steam 按钮。使用标准 Windows 安装程序来进行安装，安装过程很简单，按照屏幕上的说明即可获取 Steam。

2.2.2　注册 Steam 账户

以上所述都是免费的，现在需要注册一个 Steam 账户。

启动 Steam 并按照说明创建一个新的账户或使用现有账户登录。

2.2.3　安装 SteamVR

创建账户并运行 SteamVR 客户端软件后，下载并安装 SteamVR。找到 Library 下面的

Tools 选项，右键单击 SteamVR 并点击 Install Game。虽然提示是安装游戏，但它并不是个游戏。我们可以忽略这一点——它说是游戏是因为 Steam 一直是一个下载游戏的平台，还没在平台上发布过工具。

2.3　安装提示

早期的 VR 开发套件的安装过程相当复杂，但是消费者版本有一个更直接更友好的安装过程（适用所有规格设备）。这个过程是一个简单的并大部分为自动化的，但为了有一个更好的体验，需要提前做一些准备。

2.3.1　运动追踪器独立安放

1）单个位置 / 单个运动追踪摄像机的非房间规模 VR

如果像我一样，你的空间很小，那么首先你要做的就是为传感器腾出足够的空间。传感器的底部半径大小与一个大的食品罐相似。将传感器放置在桌上时，需要放置在位于头戴式显示器可以到达的任意位置和传感器之间清晰可见的位置。为了不整理书桌，我将一个方向盘连接到了它的前端。而每当我坐下时向前倾斜或低头的时候，方向盘都会阻挡在传感器和头戴式显示器之间，从而导致我的系统失去位置追踪。我真应该把方向盘取下来！

2）房间规模 VR / 多个位置追踪摄像机

如果你有多个位置追踪器，正如房间规模 VR 所需的一样，请查看你打算使用的空间并思考如何在房间的四个角落里把传感器安装到头部高度。你需要想出一个办法来给它们供电（使用延长线？）并为传感器提供安全、坚固的表面以确保每个传感器对整个空间有清晰的可见性。如果传感器和头戴式显示器之间的视线被阻挡，位置追踪器可能会停止工作，直到视线恢复。尽量避免与任何可能会阻挡的东西共享架子，如果可能，尽量避免在架子上放置需要定期浇水的植物，因为传感器电器实际上不喜欢被浇水，并且小的泄露可能最终导致更多的更换！

2.3.2　整理物品腾出空间

当头戴式显示器没有被用于模拟时，有一个放置头戴式显示器的地方也是一个好主意。开发人员很可能要频繁地将头戴式显示器戴上再摘下，而将它放置在膝盖上并不是理想的解决方案。设备不能多次被摔在地上，所以最好在一个好的、牢固的且易于取用的地方放置。

当你在 VR 中时，你将无法看到太多的东西，了解游戏控制器或遥控器的位置是一个很好的主意，这样可以不用将头戴式显示器摘下就能很轻易地找到它们。当你整理你的空间时，请考虑如何放置游戏控制器和遥控器以便能够轻易地找到它们。

2.3.3　避开墙体

如果你有一个很大的空间给 VR，或者你可以将你的桌子放置在远离墙壁的位置，就不需要太担心空间不够的问题。对于那些空间不够大的人来说，尽量让座椅位置和墙壁之间的距离保持最大。如果障碍不可避免，解决办法就是在移动头之前伸出手。伸手感受头部打算移动的位置，这样可以避免弄伤自己或让头戴式显示器撞到墙上。当然，现在听起来好像很蠢，但当你在虚拟世界中花费了许多时间后你就会了解撞到脸会有多危险。VR 有使你完全沉浸其中的能力，并且你会很容易失去现实世界的轨迹。请依赖你的手去感受前方！除了看似愚蠢的"感受前方"的建议之外，我还建议你考虑用电缆将头戴式显示器连接到计算机。当你将杯子或控制器等放置在电缆所在的路径上，你忘记去避开它们时，就容易不小心扫到它们。

2.3.4　什么是瞳孔间距及其重要性

你可能已经在 VR 中见过瞳孔间距（IPD）这个词。当硬件制造商使用这个术语时，它指的是头戴式显示器上的镜头与使用者双眼之间距离的关系。Rift 和 HTC Vive 都有一个用于调节瞳孔间距的调节器。为了获得最舒适的体验，正确的设置是很重要的。如果 IPD 设置不正确，可能会导致眼睛疲劳，甚至眩晕。

你需要知道的有两种类型的 IPD：现实 IPD 和虚拟 IPD。

1）现实 IPD

现实 IPD 是现实世界中使用者双眼的距离（图 2-6）。这是在头戴式显示器上设置 IPD 时需要了解的测量值。在 Rift 上，校准软件具有可视化步骤的特点，可引导你完成正确的 IPD 校准过程。

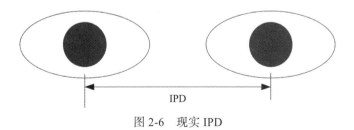

图 2-6　现实 IPD

在 HTC Vive 上，需要测量并调整头戴式显示器到一个合适的数字。找出 IPD 并不难，并且它的好处大于不便，所以我强烈建议花些时间来正确地做好。

如何测量你的 IPD　你需要一把尺子或者某种卷尺来测量你的 IPD。可以使用家装卷尺或数字卡尺来测量。但对于这些指导，我们将停留在"低技术水平"。接下来你还需要一面镜子。

1）站在镜子前。将测量零点放在左眼下方并伸向右眼。保持测量笔直而不是按照脸部轮廓测量。

2）闭上右眼。确保测量零点位于眼睛正中的瞳孔正下方。保持静止。

3）闭上左眼并看着右眼下方进行测量。右瞳孔下方正中间的标记即是你的 IPD。

将其写下以供将来参考可能会是一个好主意。如果其他人使用你的头戴式显示器，他们也需要调整 IPD，所以保存每个人的 IPD 记录应该是个好主意。

2）虚拟 IPD

虚拟 IPD 是使用者在虚拟世界中代表两个眼睛位置的两个摄像机的距离。借助 SteamVR 库，虚拟 IPD 将自动处理。其默认设置将与现实 IPD 相匹配。所以你也许想知道这与范围有何关系。事实证明，可以通过调整虚拟 IPD 而不是现实 IPD 来改变虚拟世界的感知范围。通过改变虚拟眼睛（Unity 在 VR 场景中使用的摄像机）的范围，可以让使用者感觉从仰视一个史诗级规模的巨型建筑一直到像看着一个微型玩具村。通过 SteamVR，缩放虚拟 IPD 和在场景中缩放主摄像机一样简单。需要注意的是不要在模拟或运行时执行此操作。一旦将其设置在场景中，在运行时最好不要使用摄像机比例。改变 IPD 的视觉效果是很不舒服的，特别是对于那些可能对 VR 眩晕很敏感的使用者。

2.4 安装 VR 硬件

2.4.1 HTC Vive 安装介绍

HTC Vive 需要一个至少有 4×3 平方米的游戏区。决定好将要设置的位置时，就可以打开盒子并拆开包装了。说实话，拆开包装后你可能会被吓到。当你打开所有电缆、盒子和电源适配器的包装后，你可能会有点迷茫。不要惊慌！在下载之前，不需要设置和插入任何东西。登录网址 http://www.htcvive.com/setup 并根据说明进行操作。到目前为止，不需要担心任何已拆包的东西。安装程序处理好后，一切都将很快变得明朗起来。以防万一你有任何问题，可以查看 YouTube 上一个很棒的 Vive 团队通过 https://www.youtube.com/watch?v=rv6nVPPDmEI 提供的一个很好的教学视频。

 提示 本文提供的这些说明仅供参考，要谨慎遵守制造商推荐的说明。也就是说，如果因接线错误造成损坏，后果自负！

1）开始下载

第一步是进入网站 http://www.vive.com/ca/setup/ 并点击 "Download Vive Setup" 按钮。

下载包括一个完整的安装教程和 Vive 桌面应用程序的安装程序。

在 Vive 设置网站上，有一些用于启动和运行的教程视频。

2）清除你的空间

经过很多的 Vive 体验，你将有很大的进展。为避免碰到阻碍，正确清理空间很重要。将电视等昂贵电器设备放离游戏区域的边缘，以防你超出边界。

如果你有小动物，请让它们远离 VR 游戏区。你将看不到它们在哪里，如果你戴着耳机，你也听不到它们的声音。让动物远离 VR 游戏区将能确保你、你的宠物和你的头戴式显示器避免受伤。

VR 区不是小孩子待的地方。告诉你的孩子们当你在 VR 体验时他们需要如何回避。因为他们很容易就会忘记你看不到他们。幼儿需要被监护，所以如果你在使用 VR，请确保周围有其他人照顾孩子！

3）安装基站

对于房间规模 VR，你需要考虑基站的安装和布局。HTC 建议将它们放置在游戏空间的对角，距离不超过 16.4 英尺（5 米）。HTC 还建议将基站安装在离地面 2 米（6 英尺 5 英寸）处，并向下倾斜约 30°。我的桌子没有足够的高度来安装基站，所以我在一个角落使用了标准的低成本摄像机三脚架。HTC 已经做到这一点，可以在基站底部安装合适的标准三脚架，这样就不用购买昂贵的定制支架了。那个便宜的三脚架足以让我的基站升高到桌子上 6 英尺。在另一个角落，我将基站连接到高书架的顶部。记得把基站前的塑料薄膜撕下。

将基站插上电源。你可能会注意到它们会振动，这是很正常的。当我将它插上电源时我被吓了一跳，所以我问了其他一些 Vive 的拥有者，他们向我保证没问题。

当基站开机时，状态指示灯呈绿色，并且会看到一个字母。其中一个基站的字母是 b，另一个是 c。这些被称为频道指标。如果 b 和 c 都没显示，请按基站背面的频道按钮更改频道。

如果一个基站不在另一个基站的范围中，则该状态灯是紫色而不是绿色。如果是这种情况并且灯光保持紫色（为了确保它不会改变，请观察 30 秒），你可能需要使用附赠的同步电缆连接两个基站。

4）设置接线盒

拿起连接盒和电源适配器。插入电源适配器并将其连接到连接盒上的 DCIN 端口。将一条 USB 线一端连接连接盒（即插入电源线的同一端）并将另一端连接到 PC。接下来，将 HDMI 连接线的一端从连接盒计算机端连接（插入 USB 电缆的同一端），另一端连接到计算机图形显卡的 HDMI 端口。

5）设置头戴式显示器

将头戴式显示器镜头上的保护膜撕下。小心地解开电缆，电缆末端的三个插头是黄色的。这三个黄色连接器对应于连接盒上的黄色端口。将黄色 HDMI 电缆连接到连接盒上的 HDMI 端口，再将黄色 USB 插入 USB 端口，最后将黄色电源插头插入连接盒的黄色 DCIN 端口。此时，你的电脑会检测到新设备。

6）打开控制器

电源按钮在控制器上触摸板下面。按一次这个按钮打开控制器，电源指示灯应该显示为绿色。Vive 附带充电控制器，但是如果它们不显示绿色，需要用附带的控制器电源适配器来充电。HTC 包括两个适配器，每个控制器一个，插入控制器的底部充电。

7）安装软件

在这个步骤前，需完成下载步骤 1 中的 Vive 软件。运行安装程序，然后启动软件。按照屏幕上的说明进行操作，在此跳过步骤说明，因为未来软件可能会发生变化。你可以阅读屏幕上的操作说明，在本书重复它的内容并没有任何意义。

8）运行 SteamVR 安装程序

Vive 软件安装好后，需要在 SteamVR 安装程序中运行一个房间规模 VR。安装过程有向导，这意味着你可以按照屏幕上的设置启动并运行。在这个阶段唯一需要注意的是要有一个明确的游戏区域，并且你可能需要一个卷尺或类似测量设备来测量。有关运行 SteamVR 安装程序的完整说明，请参阅本章后面的"设置 SteamVR"一节。

潜在问题 / 解决方法

在启动 SteamVR 之前请确保一切已通电　在启动 SteamVR 之前，确保基站已经打开并且头戴式显示器已经插入计算机并通电。

重启头戴式显示器有时能修复问题　如果你已经尝试过其他的所有操作，请检查是否插入了所有设备，并尝试重新打开或关闭，你可能会从重启头戴式显示器中受益。为此，请查找 SteamVR 状态窗口（第一次启动 SteamVR 客户端登录时出现的窗口）。在 Steam 状态窗口中，单击 SteamVR 下拉菜单并选择设置。选择左侧的 Developer 部分，然后滚动到右边会发现一个标有 Reboot Vive headset 的按钮。如果成功的话，SteamVR 将会关闭，Vive 头戴式显示器将会重启并且 SteamVR 将会重新连接并重新启动 SteamVR 系统。

2.4.2　OSVR HDK 安装介绍

开源虚拟现实（OSVR）是一个面向许多不同品牌和公司的 VR 系统。使用 SteamVR 的好处是你可以在一次安装即支持所有的主流品牌头戴式显示器，包括 OSVR 兼容硬件。物超所值！

我对 OSVR 很感兴趣，认为它将能使 VR 平民化，以便用户最终能够以他们想要的价格选择有想要功能的头戴式显示器，而不是限定在一个特定范围的软件或 DRM 锁定的商店。在撰写本书时，黑客开发工具包（HDK）VR 头戴式显示器为实体硬件提供了很高的价值。但它们专为有更多经验的用户提供（线索就在 HDK 的名字里！），所以你可能需要比使用更昂贵的主流头戴式显示器更多地参与到安装和设置程序。HDK 团队正在努力使这一过程尽可能简单。有一个简单的安装程序可以让你在四到五个步骤内准备好 VR。它会自动安装所有相关的驱动程序和配套软件，以及一个可用于启动和停止 OSVR 服务器的基于任务栏的应用程序和访问工具应用程序。

1）开始下载

通过网址 http://developer.osvr.org/ 获取所需的文件，并通过 Razer 点击 OSVR Installer。

2）设置硬件

首先连接集线盒。在集线盒的底部有三个插头。其中一个电缆是一个两端各有两个插头的单电缆。连接你的 PC 终端的有一个 USB 插头和一个 HDMI 插头。将 USB 连接到 PC 上的 USB 端口，然后将 HDMI 插头连接到计算机的 HDMI 端口以连接显卡。将另一端的两个插头连接到集线盒底部。

电源适配器是一个单独的插头，但是在集线盒中包括分离器电缆。找到分离电缆，在电缆末端分成两个电缆的是电力电缆。将末端插入集线盒的底部。电源适配器的插头不能直接插入集线盒，需要将电源适配器插入从电缆分离出来的插头（图 2-7）。

将红外摄像机安装在显示器的顶部，以便在 VR 中追踪头戴式显示器。将随附的 USB 电缆插入红外摄像机的一侧，另一侧插入 PC 的备用 USB 端口。

在插入集线盒的分离电缆的另一端，是一个小插孔插头。将插头的插孔插入红外摄像机的一侧用于同步追踪。

图 2-7　HDK1 的集线盒

头戴式显示器有一个大的专有连接器。将其插入集线盒的顶部。集线盒有一个夹子用于将集线盒夹起来放置，使之在电缆范围内。

3）软件安装

运行下载的驱动程序和软件。浏览安装过程并安装所需要的部分。虽然安装程序后没有提示重启计算机，但我还是建议安装后重启。在重启时保持各个硬件连接。

4）开启 OSVR 服务器

要使用 OSVR，需要让 OSVR 服务器在后台运行。接下来我们将启动服务器。在 Windows 的工具栏中，可以找到一个 OSVR 图标。这个任务栏应用程序能帮助你快速找到所需的 OSVR 部分。右键单击该图标并选择开始，OSVR 服务器会启动。将头戴式显示器举在摄像机前保持 20 秒，或者戴上它，这样服务器才能获取追踪信息。

5）运行测试应用程序

为了确保一切正常工作，我们需要运行一个小测试应用程序。右键单击该图标并选择 OSVR Test Apps 下面的 Launch VR Sample。

演示应用程序展示了一个可以环顾四周的简单环境。它会展示一个点着篝火的令人惊悚的森林，使用它来测试头戴式显示器以及移动追踪是否正常工作。如果在此阶段遇到任何问题，可能需要重启系统，并确保 Windows 中的显示设置能够正确检测到头戴式显示器。

6）设置 SteamVR 以使用 OSVR

OSVR SteamVR 支持没有内置于 SteamVR 系统，需要一点点设置来使其运行。如果你已经打开 SteamVR，你需要在开始此过程之前关闭它。

a. 打开文件夹 Program Files (×86)\OSVR。

b. 找到 OSVR-SteamVR 文件夹并点击以浏览文件夹内部。

c. 点击 OSVR-SteamVR 内的 OSVR 文件夹以选中它。按键盘上的 Ctrl + C 将其复制。

d. 打开 Steam，点击窗口顶部的 Library，然后选择下拉菜单中的 Tools，在列表中找到 SteamVR。

e. 右键单击 SteamVR 并选择 Properties。

f. 单击 Local Files 选项卡。选择 Browse Local Files.. 以打开一个新的文件浏览窗口，显示包含 SteamVR 的文件夹。

g. 双击 SteamVR 文件夹中的 drivers 文件夹。

h. 按 Ctrl + V 粘贴从阶段 c 中复制的文件夹。

i. 安装驱动程度后，只需要让 SteamVR 来寻找它们。为此，需要修改 SteamVR/drivers 文件夹中的 drivers.cfg 文件。打开 Notepad（Notepad 是一个 Windows 应用程序，可以通过在 Windows 10 的搜索窗口中搜索 Notepad 找到它）。

j. 打开 Notepad 窗口后，将 drivers.cfg 文件拖出文件浏览器并将其放入 Notepad 窗口。你可以看到一些像这样的东西：

[vortex]

括号中的项目是 SteamVR 启动时会查找的驱动程序。添加一个新的，点击窗口顶部并添加 [osvr]，使文件看起来如下所示：

[osvr]
[vortex]

按 Ctrl + S 在 Notepad 保存文件。

下次运行 SteamVR 时应该能检测到 OSVR 头戴式显示器，但你可能需要重启系统以使此生效。

潜在问题 / 解决方法

电源循环　许多问题可以通过重启设备来解决。关闭 SteamVR，关闭 OSVR 服务器（右键单击 OSVR 任务栏应用程序并从下拉菜单中选择"Stop"）。首先将电源线从集线盒上拔下，然后拔下 USB 电缆。计数十秒钟后重新连接电源线，然后再连接 USB 电缆。系统应该检测到两个设备。重启 OSVR 服务器，然后重启 SteamVR。

头戴式显示器无法显示　如果头戴式显示器的屏幕只有黑色，请确保 OSVR 头戴式显示器已启用。可以右键单击 OSVR 应用程序，然后选择 Configure 下的 Launch CPI。在 OSVR HDK 选项卡下，单击 Enable HDK Display 按钮。

固件更新　HDK 固件需要保持最新才能使设备正常工作。但在撰写本书时，并没有内置的应用程序来执行此操作。所以固件更新必须用 HDK 手动进行操作。这里不介绍固件更新，因为它可能会变得很棘手。所有更新的软件都可以在 http://osvr.github.io/using/ 中找到。

头戴式显示器显示桌面，但没有测试应用程序　在 Windows 桌面上打开 Display Properties/Screen Resolution。确保已经检测到 HDK 头戴式显示器且位于主桌面的右侧。在 Windows 8 以上，可以拖放窗口预览。确保显示器的分辨率设置为 1 920×1 080，并且将 Multiple displays 设置为 Extend these displays。HDK 不应该作为你的主要显示器，这些应该是你的常规桌面。

2.4.3　Rift 安装

将 CD 放入电脑 CD 驱动器来安装驱动程序的日子已经一去不返了！现在的硬件里没有 CD、驱动或软件。设置的第一步是下载：

1）开始下载

第一步是去 https://www.oculus.com/setup/ 上下载驱动程序和软件。最初的下载客户端大概是 3～4MB，但后续通过客户端会有一个更大的下载。一边下载，一边可以花一些时间清理计算机的空间。

2）运行安装

可以通过插入 Rift 的 HDMI 电缆、将 USB 从头戴式显示器和传感器插入 USB 3.0 端口来启动。最后，连接 Xbox One 控制器 USB 无线适配器到任何 USB 端口。运行 Oculus 安装软件时，它会引导你完成整个过程，甚至能辨别是否有设备没有连接在正确的端口或它们是否正常工作。

所有设置完成后，将会得到几个简单的 VR 体验。

2.5　设置 SteamVR

当完全安装 SteamVR 时，Steam 客户端右上方的靠近窗口选项图标旁会出现有一个新的小 VR 图标（图 2-8）。

图 2-8　SteamVR 图标应该在 Steam 客户端窗口的右上方

点击 VR 图标。

我很喜欢 SteamVR 的设置程序。它很友好并且内容充满乐趣，同时还具有自己的特点。我希望所有软件的设置都能像这样。

第一次启动 SteamVR，你可能会被要求运行 Room Setup。这是用来告诉计算机周围真实世界的空间以及你打算如何使用它的步骤。你也可以随时通过点击 SteamVR 状态窗口左上方的 Steam VR 下拉菜单，从中选择 Run Room Setup 来进行设置。

点击 Room Setup，会出现两个选项：Room-Scale 或 Standing Only（图 2-9）。

图 2-9　SteamVR 允许你设置房间规模 VR 或仅站立

如果选择房间规模，系统会提示"腾出空间"，即清理游戏区域。如果你还未清空游戏区域，需执行此步骤。

从这里开始，SteamVR 设置会在屏幕上提示各步骤的指令。在这里重复它们只会浪费纸张，所以请按照屏幕提示进行，完成后返回。

SteamVR 成功设置

到这个阶段你可以庆祝一下。SteamVR 现在已经设置和配置好，是时候玩些游戏或做些工作了。如果你有兴趣玩一些游戏，Steam 商店里有几个免费的 VR 应用和游戏。你可以下载并使用。如果你使用的是 HTC Vive，我建议你从 Steam 商店免费下载并试用《Google

Earth VR》。它是一个激动人心的虚拟现实体验和一个很好的入门案例。由 Lucid Sight Inc. 提供的《Poly Runner VR》是一款非常有趣的免费无限赛跑者 / 飞行员游戏，你可以用游戏控制器（如 Xbox 360 或 Xbox One 控制器）和头戴式显示器进行游戏。我也喜欢 BigScreen Inc. 的 BigScreen，它可以让你在 VR 中看你的屏幕就像是在虚拟电脑上进行多人共享和聊天。你可以用 BigScreen 在巨大的虚拟屏幕上来看视频（也许是你自己的 YouTube 电影院！），与 Steam 上的其他 VR 用户畅谈，甚至可以观看其他人玩游戏。

2.6 找到你的 VR 腿

"找到你的 VR 腿"这个说法受 VR 用户的影响很大，它指的是在完全潜行之前习惯 VR 模拟的想法。没有可靠的证据支持这一说法，但研究指出，一些 VR 晕眩症患者发现他们的负面症状会随时间缓解。由于 VR 对于我们大多数人来说都是一种新体验，所以在虚拟世界花费很多时间之前，先慢慢地开始并建立一些体验。沉浸长达一个小时可能不是一个好主意，当你第一次访问虚拟世界时，不仅仅要考虑 VR 晕眩症。

在使用头戴式显示器时，要意识到你虽然沉浸在虚拟世界，但身体还在真实世界。失去方向感、撞到墙壁、伸出手碰到物体或绊到头戴式显示器的电缆是很容易的。刚开始可能会有点笨拙，但随着时间的推移，你会越来越习惯这一切。

如果你正在使用像 Vive 一样的运动控制器，请小心地板。虚拟世界的地板层可能无法准确地与现实世界中的地板层相关联。快速伸手捡东西会很容易导致控制器撞到地板上。以脚踝为基准，将控制器保持在踝关节以上，或很慢地向下方移动。

2.7 舒适体验 VR 的几点建议

有一些很棒的体验可以让你沉浸到虚拟世界中。本节将会重点介绍一些好的体验来供你开始使用，这将为你后面的 VR 旅程提供良好的基础。

2.7.1 HTC Vive

对于很棒的 Vive 体验，你有许多的选择！Steam 商店和 Viveport 是最棒的获取资源的地方。

《The Lab》：从这里开始。《The Lab》提供迷你游戏与有趣的小东西来帮助你开始使用 VR。最重要的是，《The Lab》在 Steam 商店可以免费下载。《The Lab》中我最喜欢的部分是《Long Bow》，在那里你可以站在城堡上，利用 Vive 控制器射箭。这是一个很有趣的小游戏，像钉子一样硬（无论怎样，小家伙总会占领你的城堡！），还有很出色的臂肌训练！这里的一切都是房间规模 VR，所以一般不会产生 VR 晕眩症。

《Space Pirate Trainer》：我最喜欢的 VR 游戏之一，I-Illusions 的《Space Pirate Trainer》是一个令人肾上腺素激增的爆炸型房间规模战斗 VR 游戏。这是一个很棒的练习（因为出汗时会雾化，所以偶尔需要清洗镜片），随着音乐启动，它可能是最震撼心灵的 VR 体验。看起来仅仅是射击练习，但它远不止于此——这是个疯狂的射击练习！

《Job Simulator》：我的孩子们十分喜欢这个游戏！没有一个游戏能比《Job Simulator》更加有趣和疯狂。这对所有家庭而言都很有趣。没有时间限制，意味着你可以利用所有道具慢慢玩。

《Thread Studio》：如果你想知道服装定制在未来会是什么样子，《Thread Studio》是一个很好的选择。你可以翻阅色板、布局设计、导入自己的 logo 或图片，然后在人体模型上看试穿效果。在这个游戏中，周围还有道具可供你使用，散布在四周或者和模特一起摆着造型。不仅有趣，它也是对 VR 服装和商品设计的一种展望。

2.7.2 OSVR

可以通过 OSVR 网站（http://www.osvr.org/featured.html）找到大量 OSVR 体验。

《Showdown》：《Showdown》是一个利用虚幻引擎制作的很棒的技术演示。它没有游戏攻略，只是一个环境的演示，但它很酷！它的场景看起来像是电影中的慢镜头，并且完全是一个为了让你进入虚拟世界而设计的短暂体验的样例。如果你想炫耀高配置的硬件，这是一个很好的样例。

《Elite Dangerous》：太空战争模拟回归了，这一次，它可以提供完整的 VR 支持。还有什么比在太空中享受 HDK 更好的方式呢？但是，需要提醒你的是，尽管这是一种令人兴奋的体验，但它涉及会导致你晕眩的旋转运动。请尝试着慢慢转动，直到习惯为止。在太空中，没有人能听到你的呕吐声！

2.7.3 Rift

Rift 包含一些很棒的体验，还有一些可以通过 Oculus 商店购买。在你购买之前，请务必多次确认你是否拥有合适的硬件（触摸控制器、房型规模摄像机等），因为不同游戏所适配的硬件配置有很多种。

《Lucky's Tale》：这个游戏是我最喜欢的游戏之一。我真诚地相信这个游戏是未来的标志——在游戏平台内部会使你感觉在很多层面上都与他们相联系。靠近主要人物 Luckey，他会以一种有趣的方式对你做出回应。其润色水平和所提供的乐趣是首屈一指的。另外值得注意的是，其他人有时会与你保持眼神交流，这会让你真正感受到与 Luckey 的世界及其居民的联系。对于 VR 晕眩症，我只发现垂直移动会有一点。无论何时，只要摄像机上下移动，我都不得不闭眼一秒钟。但这款游戏让我经常对其舒适体验感到惊讶。

《Henry》：《Henry》是 Elijah Wood 讲述的一段可爱且有趣的故事。当我第一次感受到这种沉浸感时我很惊讶，能在动画世界中充满乐趣和情感。你只需待在一个固定的位置，这意味着几乎没有任何 VR 晕眩症。如果你有 Rift，我强烈推荐你观看。

《BlazeRush》：这是一款非常棒的赛车游戏，车子的尺寸与玩具车一致。这就像看某种先进赛车比赛一样。我发现在这里面自己会有恶心感，但我通常可以在 20 分钟内不出现任何不适，所以我认为这会是一个很好的"找到你的 VR 腿"的经历。《BlazeRush》的有趣之处在于，短时间的游戏过程让你可以在你开始觉得不舒服时停止游戏。

2.8　保持健康的 VR 体验

在我们进入虚拟世界之前，本书的这一部分旨在引导你注意一些重要的事项，以便为你提供健康的 VR 体验。

2.8.1　及时停止

军方、医学界甚至 NASA 的广泛研究都未能治愈 VR 晕眩症。我们还不知道如何解决这个问题，VR 晕眩症是真实存在的，它以不同的方式影响着体验者。最常见引起 VR 晕眩症的一些体验是：第一视角的射击游戏，驾驶或飞行器模拟，带有强制移动摄像机的剪辑场景、摄像机扭转、角色旋转类型的 VR 体验。

记住，VR 晕眩症不是你能"撑过"的。坚持下去不会让它消失，你永远无法通过努力克服眩晕感并过一会儿就感觉良好。时间过得越久越糟糕，唯一的方法就是停止游戏，在难受感觉消失后再回到 VR。

在本书的后面，我们将寻找一些可减少和避免产生晕眩感的技巧。VR 晕眩症以不同方式影响不同的人，并且在不同的人身上有不同的引发因素，这使列举明确的症状列表几乎不可能。我们能做的只有寻找一些可能是提醒你休息的症状。

 注意　这不是医疗建议。如果你需要医疗咨询，请咨询专业医疗人士。我是 Unity 开发人员 Jim，不是一个医生！

1）眼干

如果你觉得你的眼睛开始变得干涩，那可能是眼睛疲劳的开始。首先，摘下头戴式显示器。如果你没有正确设置 IPD，请参阅"安装提示"一节进行操作。

眼药水可能是使体验更舒适的一个好方法。我一直随身携带眼药水，在戴上头戴式显示器前不时使用它。如果发现你的眼睛在 VR 中有点不舒服，咨询合格的验光师 / 眼镜师可能是一个不错的选择。

如果你觉得眼干，请休息一下。

2）出汗

出汗不仅仅是身体冷却的方式，当大脑认为身体受到攻击时，它也是身体试图排除毒素或疾病的一种方式。出汗是一个很常见的 VR 症状，停止出汗的唯一方法就是休息一下。最好在一个较凉爽的地方休息。

如果可以，请保持房间温度舒适，因为佩戴头戴式显示器可能会迅速致热并加剧症状。如果 VR 体验是生理上的，那更是如此。尽量保持温度比平时稍低一些，以便平衡运动产生的额外热量。

如果你相比于平常出汗厉害，请休息一下。

3）酸痛

如果你遇到酸痛，就意味着你需要休息了，一直休息到它完全消失为止。多吃点水果和蔬菜，好好照顾自己。体验 VR 可能会超出你预想的累。当你不熟悉它时，请慢慢适应这一切。

如果你感到酸痛，你可能知道自己会发生什么不适，请及时休息一下。

4）恶心

头晕目眩或感觉恶心从来都不是好事，但对于我们大多数人来说，这是 VR 体验的一部分。如果你开始觉得很恶心，你需要马上停止并取下头戴式显示器。休息一下，看看在返回 VR 之前是否消退。你进入 VR 后，恶心可以持续超过一整天。如果你觉得极度恶心，最好的办法是躺下睡觉。如果情况变得更糟糕或者你对其导致原因有任何疑问，请务必咨询专业医疗人员。

休息一下。

5）头痛

产生头痛的原因有很多，它可能与 VR 体验有关，也可能无关。如果你佩戴头戴式显示器的时候经常头痛，很可能与眼疲劳或与你的视力有关。请咨询眼镜师或专业医疗人员，因为你可能需要矫正镜片。

不管原因如何，如果感到头痛，请休息一下。

2.8.2 休息一下

每玩 30 分钟需要休息 10 分钟，如果你已经玩了一个多小时，请休息 30 分钟。如今

VR 仍处于起步阶段，我们应该尽量保持谨慎。

如果有疑问，将你的 VR 时间限制为每天十分钟，直到你感受到个人极限。

对于 12 岁以下的儿童，硬件制造商并不建议他们使用 VR。孩子们的眼睛还处在发育阶段，谁知道头戴式显示器会如何影响他们的视力呢？

我的孩子们都喜欢尝试 VR，我偶尔也会让他们体验，但为了安全起见，我通常把 VR 体验限制在很短的时间（10 ～ 15 分钟）。

2.8.3　进食，饮水，快乐体验虚拟

在你开发 VR 或玩 VR 的时候，请在附近放置一瓶水，只要水干净就行。我的水瓶是从药店拿的，在坐下之前会从水龙头里装满水。定期多喝。

如果你在使用 VR 时会恶心，那么不建议在进入 VR 之前吃东西，因为这么做可能会加剧恶心的感觉。如果你发现自己容易恶心并感到饥饿，尝试在你使用 VR 之前的一个小时左右吃些好的、健康的食物。并且避免食用油腻或含糖的零食，这可能会让你感觉更加恶心。

最重要的是，当你沉浸在虚拟假期中时，记得照顾好自己的身体。

2.8.4　体验 VR 时不要弄伤自己！小心测试

第 3 章将会深入 Unity 并创建 VR 体验。随着你的进步，你将需要调试许多东西，如对象交互、空间限制、比例等。在撰写本书时，我的一个好朋友在 VR 测试中伤到了他的背，我不希望你也这样。开发 VR，尤其是调试房间尺寸会有很大的风险。我并非试图恐吓你们，但值得你去思考如何测试、如何四处走动以及如何在测试过程中保持警惕。定期清理空间以避开障碍物，注意拖拽的电缆，他们可能会在你四处走动或准备进行肢体活动时将桌子上的东西拉下来（如杯子等）。

当你想要快速测试某些东西时，很容易抓着头戴式显示器或控制器做出一些不好的举动，因为你会一边看屏幕一边看硬件。不充分注意硬件意味着你可能会将控制器撞到墙上、将头戴式显示器掉到地上或将东西从桌子上碰掉。在测试硬件之前，请计数到 5 来观察周围的环境。

另外，我知道戴上手腕带、头戴式显示器和耳机需要一小段时间，但如果你的身体需要动的话，你应该多花点时间。这不仅仅是为了保护你的硬件投资。

尽可能让 VR 与鼠标、键盘兼容，以无须戴上头戴式显示器以及任何其他可能使用的设备（控制器、VR 手套、触觉套装等）便可测试小功能。当你经过一次又一次、一天又一天的测试之后，体验的新鲜劲就会相对迅速地消失。当这种情况发生时，不考虑环境去简化测试是很简单的。

在房间规模 VR 中，请更加注意伙伴 / 界限。我的一位开发者朋友最近因为沉浸在游戏

战斗中而用 Vive 控制器摧毁了一台显示器（笨手笨脚！）。

请注意，你持有的昂贵设备优势会对你的平衡感和身边的空间造成负面影响。另一个由技术问题引起的不可预见的晕眩，比如摄像机的延迟，也足以让你失去平衡。

如果你正在进行一个房间规模的体验，特别需要用到身体或对身体有一些负担，那么你甚至会想在开始一天的 VR 开发之前做一些热身或伸展运动。房间规模 VR 需要肢体活动，使背部受伤或肌肉受伤是很有可能发生的事。这是很严肃的事情——你正在进行身体运动，你可能会扭伤肌肉、打到东西、弄掉东西甚至摔倒。VR 可以比你所想象的更需要体力。当你在测试 VR 时，你将会得到锻炼。就像所有的运动一样，请照顾好自己。不要在制作 VR 时弄伤自己！

2.9　本章小结

这个章节的内容很多，你会感觉很充实！随着你的硬件都已连接好，你应该已经准备好开发 VR 体验了。在本章中，我们从安装、规划和注意你将使用 VR 的空间开始，安装了 Steam 和 SteamVR 系统，并将其设置为房间规模或仅站立空间。设置空间对于 SteamVR 来说是必不可少的，所以如果你跳过了这些，你可能会想回头看看以确保获取所有重要的部分！

我们继续介绍了一些很棒的 VR 体验以供你试用。继此之后，我们列举了一些在你使用 VR 时可能会出现的 VR 晕眩症的症状，以便当你开始开发和测试后会有意识。在测试时注意硬件和空间是很重要的。希望这一章的信息能帮助你在进入虚拟世界时保持安全和舒适。在第 3 章中，我们将开始探索 Untiy 和 SteamVR 如何共同工作。

第 3 章 *Chapter 3*

创建 SteamVR Unity 项目

在本章中，我们开始进入 Unity，学习创建 Unity 项目并导入 SteamVR 库的设置。Unity 是市场上最常见的游戏引擎之一，能够免费下载。Unity 编辑器（如图 3-1）是创建、配置和生成项目中组成虚拟世界的图形、声音、音乐以及其他元素的地方。

图 3-1　Unity 编辑器，在 Unity 资源商店中由 Ozgur Saral 制作的怪兽车模型

在本书中，我们主要使用 SteamVR 作为主要的 SDK，这意味着我们将不会使用内置的

Unity VR，不论何时都会使用 SteamVR 库。

SteamVR 是免费的，具有支持 Rift 和 Vive 以及任何与开源虚拟现实（OSVR）兼容的东西（如 OSVR HDK1 或 HDK2）的优点。

使用 SteamVR 开发必须打开 Steam 客户端软件和 SteamVR，并将 SteamVR 库导入你的项目中，这个阶段中，你应该准备好你的 VR 硬件，打开并连接好。

3.1 下载 Unity 并创建新项目

如果你还未下载 Unity，可以从官网直接下载（网址为 https://unity3d-com/get-unity/download）。

3.2 Unity 编辑器教学

如果你之前从未使用过 Unity，随着本书的进程你会需要一些相关的知识。如果已经使用过 Unity，阅读本章节以确保我们使用的术语是统一的。

这里不是 Unity 编辑器的扩展，是针对性访问而非深入分析。如果你需要了解编辑器的更多信息，Unity 在其网站上提供了开发文档（https://unity3d-com/learn/tutorials/topics/interface-essentials）。

编辑器界面和面板

目前，Unity 编辑器直观且易于使用，编辑器布局可以根据每个人的工作方式做相应不同的设置，在许多不同的设置方式找到最适合你工作方式的配置，设置好 Unity 是开始使用 Unity 的好开头。在本书中将使用 2×3 的布局，而不是使用默认的 Unity 布局。

从编辑器窗口右上角的下拉菜单中选择 2×3 布局预设（图 3-2），视图将切换更改。

Unity 编辑器分成不同的视图和面板（图 3-3），重点介绍以下几个部分：

游戏视图（Game View）：在常规的游戏开发中，大部分动作发生在这个窗口，可以预览场景中任何摄像机可以看到的，在你运行之前可以观察游戏的外观。在开发过程中，你会发现实际上你查看游戏视图的次数将会越来越少，因为只有从头戴式设备中观看到的场景相对更为重要，在预览窗口中很难体会到真实感受。

场景视图（Scene View）：在虚拟现实开发中，

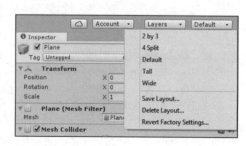

图 3-2 Layouts 布局按钮能快速切换编辑器的布局

这个界面可能是除了在头戴式显示器里观看到内容外最能直观查看设计的界面。场景视图是可以放置、移动和操作对象的界面。在场景视图中查看世界与头戴式显示器中观看完全不同，因此你需要不断地进行调试。

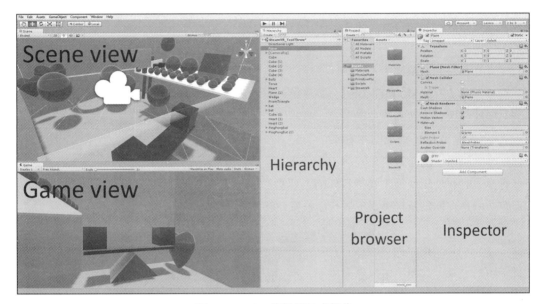

图 3-3　Unity 编辑器组成部分

　　层级视图（Hierarchy）：场景是由多个不同的游戏对象组成的。游戏对象在 Unity 作为占位符实体，可用于形成构建虚拟世界的网格、声音以及其他元素。游戏对象之间的关系会影响在虚拟世界中的运动方式。例如有的游戏对象将链接到其他物体并与之共同运动或是单独运动。层级视图包含当前场景中每个游戏对象的列表且具有层次结构。注意，层级视图顶部还有一个搜索功能，在复杂的游戏场景搜索功能可以方便地查找游戏对象。

　　检视视图（Inspector）：检视视图用于显示、编辑场景中游戏对象的详细信息和属性操作，包括对象的位置、缩放和旋转以及其他组件。一些组件是由脚本和代码构成的，而其他组件是 Unity 内置的，所有可配置的值、属性等都将会显示在检视视图中。

　　项目浏览器窗口（Project Browser Window）：项目浏览器窗口是包括整个 Unity 项目工程文件所有资源的界面，在这个窗口你可以对所有文件进行移动、编辑等操作。项目浏览器窗口有一个浏览器界面包含所有的图像、声音以及项目所需要的脚本等文件夹，可以帮助你的项目保持有序。在窗口的搜索栏中可以迅速找到所需要的资源，这对于游戏资源庞大时十分必要。

　　常用组件和专业术语
　　编辑器在视图和面板之外还有一些常用组件。

1. 主工具栏

工具栏（Main Toolbar）由七个不同的工具组成，它们在编辑过程行使着不同的功能（图 3-4）。

图 3-4 主工具栏

工具栏从左到右依次为：

变换工具（Transform Tools）：每个游戏对象都有一个变换组件，变换组件提供了关于游戏对象的位置、旋转和缩放的信息。变换工具（图 3-5）允许在场景视图中移动、旋转和操作来改变场景中的游戏对象。当编辑器不处于运行模式时，使用变换工具进行任何变换会被保存，但是在场景运行模式下进行变换操作将不会被保存。

图 3-5 变换工具

手形工具①可用于移动摄像机；移动工具②用于移动物体；旋转工具③两个箭头表示旋转；缩放工具④用于缩放物体；最后一个是矩形工具，是主要用于处理 2D 图形的多用途工具。矩形工具大多用于用户界面或 2D 游戏视图，但它对于 3D 对象也可能非常方便。

变换坐标系工具（Transform Gizmo Toggles）：左侧是轴心切换，右侧是坐标切换。这些切换按钮的状态会直接影响对象移动或旋转的方式，轴心切换工具决定物体旋转的中心点。利用变换坐标系工具切换自身坐标到世界坐标（变换工具均可处理全局旋转或活动对象的旋转）。

播放 / 暂停 / 逐帧播放按钮（Play/Pause/Step Buttons）：播放 / 暂停 / 逐帧播放按钮控制游戏预览。

云按钮（Cloud Button）：云图标访问 Unity 官网（如云存储等）。

账户菜单（Account Menu）：使用 Unity 需要创建一个账户，通过账户菜单图标进行账户设置。

图层菜单（Layers Menu）：Unity 可以在图层菜单中设置和编辑图层，设置游戏对象相互关系。

布局菜单（Layout Menu）：布局下拉菜单，可以切换 Unity 编辑器布局，默认情况下，我们使用 2×3 布局。

2. Unity 常见术语

场景（Scene）：Unity 将世界分为多个不同场景，在场景中游戏对象能实现所想象的运动方式。例如，在运行时场景之间切换可显示游戏对象在不同环境的移动。

组件（Component）：组件由 Unity 自带或者由脚本编写，能为游戏对象（GameObject）

提供相应行为动作，比如碰撞、声音等。

游戏对象（GameObject）： Unity 中模拟游戏实体成为游戏对象，构成游戏场景中的玩家、敌人或者世界中的一部分，通过组件来给游戏对象添加属性（例如渲染对象或者加入碰撞）。

变换（Transform）： Unity 中默认组件，创建每个游戏对象都将会带有该组件，包括对象的位置、旋转和缩放信息，通过该组件可以直接对对象进行操作，移动、旋转或者是缩放物体大小。

预设体（Prefab）： 适用于在创建游戏对象或游戏对象组件时重复使用（例如弹射或者粒子效果）。预设体可包含一个或者多个游戏对象组件，可随时添加到场景中。

标签（Tag）： Unity 中提供标签来组织及识别游戏对象，可以在 Unity 编辑器来设置带有名称（例如玩家、敌人、地形等）的标签，也可以在代码中通过标签识别和查找游戏对象。

图层（Layer）： 图层的主要作用是管理碰撞系统，在编辑器中对图层命名，在代码中通常通过索引号引用图层名称。Unity 允许通过图层碰撞矩阵（图 3-6）选择彼此碰撞的图层，这可以通过 Edit 下面的 Project Settings 中的 Physics 访问。

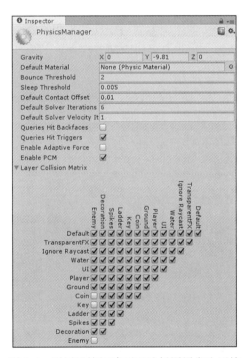

图 3-6　图层碰撞矩阵可以选择图层发生碰撞

触发器（Trigger）： Unity 中可以在碰撞系统中设置，但实际上并不能解决游戏对象之间的碰撞问题，而主要是通过检查碰撞组件上的 IsTrigger 复选框是否勾选（如 Box Collider 或 Sphere Collide 组件）。Unity 在物体发生碰撞时进行注册，但并不进行任何的物理解析。将相关函数添加到脚本中，每当事件发生时都会被游戏引擎自动调用，便可以知道碰撞发生时间并做出相应的反应。作为示例，触发器通常用于告知玩家何时穿过关卡，游戏对象和玩家可以自由移动并不受关卡影响。

画布（Canvas）：画布是我们在 Unity 中使用的用户界面，是承载所有 UI 元素的区域。

3.3　创建新的 Unity 项目

本节向 VR 迈出第一步，如果你使用过 Unity 引擎，那么你会更深刻理解 Unity。

打开 Unity 编辑器并选择创建图标，新建项目。在项目准备就绪后仍然需要做许多准备工作才能进入虚拟世界。

3.4　下载适用 Unity 的 SteamVR 库

Unity 资源商店提供 SteamVR 所需的所有文件。在资源商店中可以购买你的项目所需的各种有用资源和脚本并立即下载。资源商店中的产品包括脚本、3D 模型、完整项目、纹理、图形等。资源商店可以从 Unity 编辑器内部直接进入，为 SteamVR 库等免费资源提供了一个便利的下载地方。

Unity 中通过 Window 菜单下面的 Asset Store 进入资源商店（图 3-7）。

图 3-7　主编辑器窗口中的资源商店

主编辑器窗口中 Asset Store 页面顶部会出现搜索栏。

要使 SteamVR 的 VR 功能正常工作，需要下载这些库，查找它们最简单的方法是使用搜索功能。

在搜索窗口中键入 SteamVR 并按 Enter 键，几秒后搜索结果就会出现 SteamVR 插件资源（图 3-8），然后单击图形或名称以查看更多详细信息。如果在寻找时出现问题，SteamVR 库归入在脚本类别，将类别名称用作额外关键字有助于缩小搜索范围。

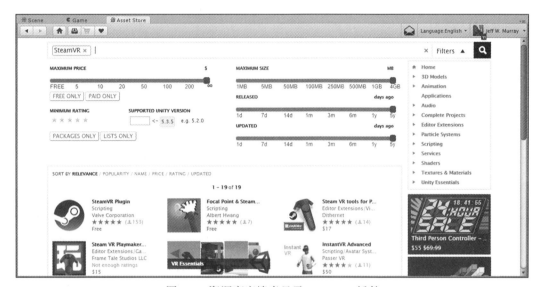

图 3-8　资源商店搜索显示 SteamVR 插件

在产品的左上角，会看到 Download 按钮（图 3-9），点击 Download 后 Unity 将自动下载。

图 3-9　SteamVR 插件描述

下载完成后，按钮将变为 Import（有时资源商店浏览器中的一个错误会导致此按钮无响应，如果你点击该按钮时没有执行任何操作，请单击后退按钮，然后再次单击前进按钮重新加载页面，重新加载后按钮将再次激活）。单击 Import 按钮 Unity 将开始导入 SteamVR 资源库。

在将文件复制到项目中之前，会出现一个提示窗口，提示你查看包中包含的文件（图 3-10）。在一个空白的项目中，这个额外的步骤看起来似乎毫无意义，但随后在将库更新为新版本或是导入自己开发项目，项目中对于可能被修改的资源或不完整的资源进行覆盖时，这个小检查可以帮助你不覆盖任何更改或更新的文件。

图 3-10　Unity 在导入资源前检查要导入的文件是否正确

由于我们在这个项目中还未建立场景，所以不必担心覆盖文件，可以继续进行。

单击 Import 按钮让 Unity 独自完成导入过程并复制 SteamVR 库文件和代码到项目中。

Unity 的一些默认设置不适用于 SteamVR。Valve 开发人员已经调试到只需按一下按钮就自动完成整个过程，而不必手动更改每个设置。如果项目设置不正确，会弹出一个消息告诉你所有关于它的信息。SteamVR 设置窗口（图 3-11）会显示需要更改的设置以及它们需要被更改成怎样。

点击 Accept All 使 SteamVR 能自动更改项目设置，当这个过程完成后会弹出信息"You've made the right choice!"SteamVR 开发人员采取了一定的方式让你不用过多介入即可完成。

图 3-11　SteamVR 设置窗口确定项目已准备好并能在 VR 中使用

项目面板中出现两个新的文件夹（图 3-12）：Plugins 和 SteamVR。Plugins 中包含所使用硬件的 API 以及所有的代码，SteamVR 文件夹包含所有的例子。

图 3-12　SteamVR 添加的两个新文件夹

展开 SteamVR 文件夹列表寻找 Scenes 文件夹并点击它找到名为 example 的场景（图 3-13）。

关闭资源商店窗口，现在我们已经完成了 SteamVR 资源导入。

按下位于编辑器窗口中间的 Play 按钮来调试场景，由于计算机需要启动 VR 所有额外背景库以及应用程序，会导致启动有点慢。完成准备后即可看到一个充满多维数据集的世界像是一个浏览器窗口，它说明了一些有关 SteamVR 的内容（图 3-14）。

如果有遇到错误，不要惊慌！

这个阶段可以查看在编辑器中按下 Play 之后出现的 SteamVR 状态窗口，如果 SteamVR 尚未准备好与你的头戴式显示器连接，则将看到一个类似于图 3-11 所示的状态窗口。如果一切正常，SteamVR 检测到你的头戴式显示器，则出现类似于图 3-12 中的状态窗口。

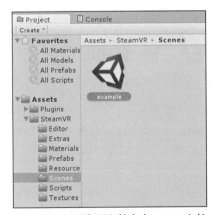

图 3-13　展开资源文件夹在 Scenes 文件夹中找到 SteamVR 示例场景

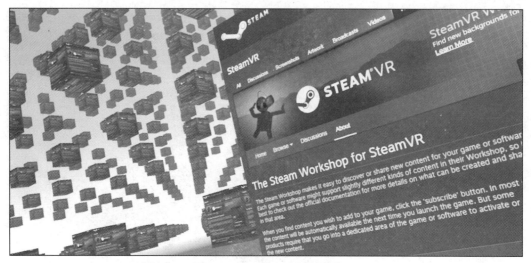

图 3-14　SteamVR 示例场景

为什么会出现一个错误？如果基站没有线路视听头戴式显示器，SteamVR 会认为头戴式显示器没有连接，并且有时会报告"Not Ready"。有一个简单的解决方法：将头戴式显示器戴在头上，或者将其固定在基座的某个位置并跟踪它，在 Unity 中停止并再次播放，将头戴式显示器保持在基站视野之内以使其正常工作，SteamVR 状态窗口变成如图 3-12 所示，Unity 就在正常工作。

欢迎来到 Unity 的 VR 世界！

如果使用的设备是 HTC Vive，可使用 SteamVR/InteractionSystem/Samples/Scenes 文件夹中的 Interactions_Example 示例场景。对于 Vive 所有者来说，Vive 控制器在这个场景中有可用于 UI、远距传物和界面的大量示例，它还具有一个长弓可以使用，完成箭头手动加载后可以射击目标。我们不会在本书中使用 SteamVR InteractionSystem，但它会是一个很好的方向，因为 Vive 特定的系统比我会写的更高级。

3.5　VR 视角的空间

本节将创建一个新的场景，并为你带来 3D 环境。这里没有什么特别复杂——实际上是一个花园环境，你可以站在它里面。为了创造花园环境，使用免费 3D 建模软件 MagicaVoxel（https://ephtracy.github.io/）。能够在常规 3D 包中模拟这样一个漂亮的花园，我要感谢非常棒的 @ephtracy 以及 MagicaVoxel 的易用性。希望通过这种方法让 SteamVR 在 Unity 引擎中能易于运行展示。

3.5.1　创建 Unity 新场景

继续使用前一个项目，或者重新打开 File 下的 New Scene，如果 Unity 询问是否保存对当前场景的更改，只需单击否并继续创建新的空白场景。

　　本书包含的所有 3D 模型和项目文件都可以在华章网站上免费下载。如果你想跳过本节，可以从第 4 章中打开示例项目，打开名为"chapter 3 scene"的场景，其中包含了我们在此构建的项目的完整版本。

3.5.2　从示例文件中复制模型

　　你需将示例文件解压到你硬盘中的文件夹，放置到可以轻松访问它们的地方。按住 Windows+E 打开文件资源管理器，便可以在文件资源管理器中查找示例文件文件夹。在示例文件中，找到 3DAssets 文件夹并将该文件夹拖到编辑器窗口，以将整个文件夹导入到 Unity 项目中。

　　如果导入成功，3DAssets 文件夹将出现在项目浏览器中（图 3-15）。

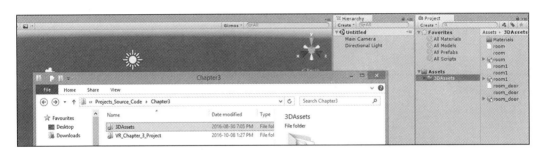

图 3-15　3DAssets 文件夹导入到新的 Unity 项目中

3.5.3　添加新的游戏对象

　　在 Hierarchy 下面找到 Create，点击显示创建菜单并选择 Create Empty 创建一个新的 Game-Object（图 3-16）。

　　新的 GameObject 被选定，然而新的 GameObject 并没有任何格式、网格或形状等，所以它目前还只是一个空的占位符。右键单击 Hierarchy 中的 GameObject，单击下拉菜单中的 Rename，将新的 GameObject 命名为 SCENE，这个 GameObject 将作为一个父对象添加到创建的环境中。

　　空的游戏对象是保持场景组织的好方法，我们将添加与场景相关的模型或元素，作为这个新 GameObject 的子对象。通过这样组织，可以将与场景相关的所有内容与其

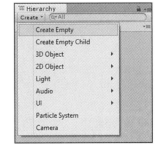

图 3-16　Create 下拉菜单创建新的 GameObject 添加到场景

他任何游戏对象分开，并且每当我们想要深入研究时都能很容易找到。随着项目的开发，资源不断增加，它变得越来越繁琐，所以避免以后的痛苦尽量保持它整齐有序。

3.5.4 将花园模型添加到场景中

在项目浏览器中单击 3DAssets。项目窗口预览中单击 garden 模型，模型预览窗口就会出现在 Inspector 底部（图 3-17）。

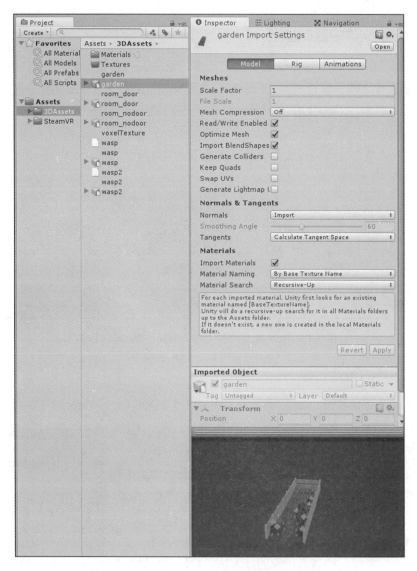

图 3-17　在 Inspector 中显示预览花园模型

将 garden 文件（旁边带有立方体图标的文件）拖到 Project 面板，然后将其放在 Hierarchy 的 SCENE GameObject 的顶部，松开鼠标后可以看到 garden 已经作为 SCENE 的子对象添加到场景中（图 3-18）。

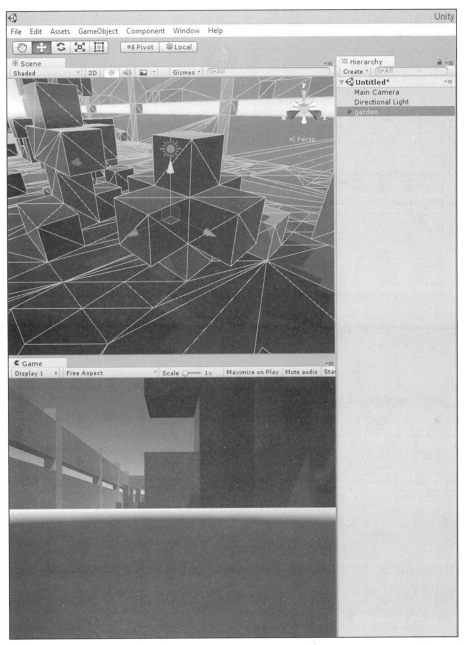

图 3-18　添加到场景中的花园模型

3.5.5　添加房屋模型

从项目浏览器查看 3DAssets 文件夹，找到 room_nodoor 文件并将模型拖到 Hierarchy 中并放在 SCENE GameObject 的顶部，与添加花园模型的最后一步一样。移动鼠标使其位于场景视图上方，缩小得到更好的视图。通过鼠标滚轮 +ALT 进行放大或缩小调到最佳视角，可以让房子正好落在花园中间。

在 Hierarchy 中，单击 room_nodoor 使其显示在 Inspector 中。

在 Inspector 的 Transform 中（图 3-19）中，依次单击每个框输入以下值：

Position:
  X: -1
  Y: 0
  Z: -46

图 3-19　在 Inspector 中设置 room_nodoor 的 Transform 值

现在房子应该在它应在的位置（花园的前面）。场景设置的下一步是添加一个 VR 摄像机，以便可以站在里面观察。

3.5.6　设置 VR 摄像机装置

点击 Hierarchy 中的主摄像机，按 Delete 键（或者右键单击 GameObject 并在下拉列表中选择 Delete），Game view 将显示没有摄像机场景的消息，如果你现在点击 Play，就不会有摄像机渲染任何东西，它只会显示一个空白的屏幕。接下来我们将添加 VR 摄像机。

SteamVR 资源包包含预设体以方便操作，其中就有摄像机设备，其所有设置都准备就绪。"装置"术语被开发人员用来描述一种设置，此设置由游戏对象和附加到它们的组件和配置组成。

在项目浏览器中，找到 SteamVR 下的 Prefabs。在文件夹里找到名为 [CameraRig] 的预设体，拖动 [CameraRig] 到 Hierarchy 中的空白处，即可在场景中添加新的摄像机组件。这样就可以让 SteamVR 在场景中工作。在继续之前，快速查看［CameraRig］包含的内容以及运行原理。

1）探究 SteamVR 摄像机装置

按住 Alt 键点击 Hierarchy 中 [CameraRig] 左边的小箭头，将 [CameraRig] 的子对象显示在面板中。面板呈现如下：

[CameraRig]
  Controller (left)
    Model

```
Controller (right)
    Model
Camera (head)
    Camera (eye)
    Camera (ears)
```

顶部是 [CameraRig] 游戏对象本身，它包含一个名为 SteamVR_Controller Manager 的管理控制器的组件，还有一个 SteamVR_Play Area 组件允许用户在移动的区域进行蓝框绘制。在 HTC Vive 中 Chaperone 系统可以独立运行完成此项工作，但 SteamVR_Play Area 组件为编辑器的游戏区提供了一个好的指导。

下一个游戏对象是 [CameraRig] 下的子控件 Controller (left)，Controller (left) 和 Controller (right) 基本相同。它们在 HTC Vive 虚拟世界中渲染模型来显示控制器 Controller (left) 和 Controller (right) 的位置。它们中还附带一个简单的 SteamVR_Tracked 对象组件，能使虚拟控制器遵循现实世界中的控制器。

装置足够智能以感知控制器是否已连接，如果未使用，也不会产生任何错误。如果不使用控制器或者你正在开发不使用它们的平台，则 Controller 游戏对象不会影响性能。

两个 Controller 游戏对象下面都有一个 GameObject 的模型。GameObject 虽然被命名为模型，但实际上并不包含任何 3D 网格或模型。在模拟运行时，SteamVR 将添加模型。除非你打算使用 Vive 控制器，否则你不需要知道它是如何工作的。我们将在第 9 章中详细介绍 Vive 控制器的使用。

再下面是 Camera (head)，它是组成 GameObject 系统的主要部分。Camera (head) 包含三个组件（摄像机、SteamVR_Game View 和 SteamVR_Tracked 组件），SteamVR_Game View 组件实际上是 Unity 以前版本留下的，在 Unity 5.4 或更高版本中 Game 窗口进行视图渲染时，该组件为可选项，由于它具有编译器时间代码，如果你在较新版本 Unity 中不再使用它，它将从组件中排除自身。

也有一个 SteamVR_Tracked 对象组件附加在 Camera (head) 上，查看附加到控制器（左侧和右侧）的 SteamVR_Tracked 对象组件时，你会看到索引字段设置为空，因为可能有一个、两个或更多控制器，它们的索引号不会被硬编码，而是由 SteamVR_Controller Manager 脚本在运行时设置。

对于 Camera (head) 游戏对象，SteamVR_Tracked 对象的索引字段设置为头戴式显示器（HMD）。Camera (head) 游戏对象将与头戴式显示器一起移动，SteamVR_Tracked 对象组件会确保摄像机装置的顶部位于正确的位置——参照 HMD 的设备索引来模拟现实世界中头戴式显示器的位置。

在 Camera (eye) 中可以看到实际头戴式显示器中的虚拟世界，它与 Camera (head) 对象有着相同的位置，但这里我们有用于渲染视图主要部分的 Camera 组件。在本书后面将会看到，Camera (eye) 是我们添加依赖于视图的组件的地方（例如查看在虚拟世界中查看器查看的内容的组件，或标注图像以帮助定位的组件等），其中包含 SteamVR_Camera 元素，用于处理视图并将其发送到 SteamVR 并渲染呈现给头戴式显示器。在运行期间，SteamVR_Camera 还会设置一些额外的对象来执行此操作（当你在仿真运行时查看 Hierarchy 时，你会注意到它的结构会有所变化）。如果曾经为 VR 制作过自己的摄像机装置，那么你可以通过在场景中添加摄像机并且添加 SteamVR_Camera 组件来使用 VR 中的摄像机，从场景到头戴式显示器的传递方式是 SteamVR_Camera 组件中最为核心的部分。

最后是 Camera (ears) 游戏对象。它是音频接收的部分，处理场景中的"听觉"并将听到的内容传递给音响系统。SteamVR 还包含一个名为 SteamVR_Ears 的组件，当你使用扬声器时，它将匹配到音频监听器。利用 OpenVR 库中的一个属性来判断是否在使用扬声器。我假设它将会使用某种内置的属性来检测音频何时通过头戴式显示器，但是如果曾经使用过却无法获得有关 SteamVR 实际设置值的任何信息。

2）场景测试

按下 Play 按钮并戴上你的 VR 头戴式显示器预览场景，是不是感觉自己很小？虚拟世界可能看起来很大，正如在现实世界中时一个昆虫眼中的世界大小！

解决缩放问题的最佳方法是在三维建模软件制作模型时，从一开始就将尺寸设置为正确的比例，将模型导入到引擎之前调整好大小，但在使用已有的项目时这不是很好的解决办法。可以在编辑器内部扩展场景进行快速修复，让你感受到普通人的体型。

3.5.7 VR 环境比例

在 Unity 的 3D 空间中，没有米、厘米或其他任何类型的测量单位，单位可以是你想的任何东西，但世界的比例将会影响整个模拟的感觉。实际中手臂和腿部具有一定的尺寸，并且其物理特性取决于我们世界的比例。例如，重力使物体以一定的速度下降，这个反应取决于空间和重量之间的比例，改变其中一个会产生不同的结果。

Unity 中物理学的行为最自然（至少看起来就像现实世界一样）时是当用 1 个单位代表 1 米时。1 个单位代表 1 米意味着虚拟世界物理引擎被设置为与现实世界相似，SteamVR 的单位也与此相同。如果你正在开发房间规模 VR，那么真实世界与虚拟世界的比例只有在为 1:1 时才会相匹配，也就是说，你在设置 SteamVR 期间设置的房间大小只在比例是 1 单位为 1 米时才真正与虚拟世界中的大小相对应。

作为一个侧面说明，调整比例的另一个选择是调整摄像机，通过缩放摄像机，你可以调整观看者的感知比例。这与调整外观尺寸类似，但同样由于比例不是 1:1，不一定可以得到期望的物理效果。缩放摄像机可以起到改变视觉效果的作用，但对于改变虚拟世界对象的物理比例没有用处。

3.5.8　调整花园模型比例

在 Unity 中，选择 Hierarchy 中的 room_nodoor 游戏对象，通过 Inspector 进入 Transform 界面中输入以下数字：

Position:
  X: -0.2
  Y: -0.2
  Z: 33.66
Rotation:
  X: 0
  Y: 0
  Z: 0
Scale:
  X: 0.2
  Y: 0.2
  Z: 0.2

接下来，你需要移动并重新定位房屋，以便与花园相匹配。

在 Hierarchy 中单击花园游戏对象。在 Inspector 中输入如下：

Position:
  X: -0.4
  Y: -0.2
  Z: 24.46
Rotation:
  X: 0
  Y: 0
  Z: 0
Scale:
  X: 0.2
  Y: 0.2
  Z: 0.2

现在房子应该与花园对齐（图 3-20）。

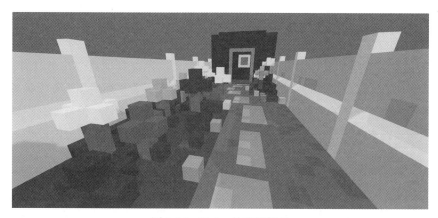

图 3-20　Unity 的花园场景

再次按 Play 预览场景，这一次应该可以感到正常的尺寸。

3.6 SteamVR 摄像机定位和重新定位

开发房间规模 VR 需要调用硬件来追踪房间内头戴式显示器的位置，当 [CameraRig] 预设体置于场景中时，实际上就设置了真实世界和虚拟世界之间的位置关系，在 Unity 编辑器中看到的蓝色矩形表示游戏区域的默认边界，你可以使用它们来定位要启动模拟的房间。

在运行时可以移动虚拟空间区域，将在第 6 章中详细说明，我们可以看到它是整个摄像机装置重新定位。当传送发生时，整个装置移动到新的区域，并且可以在相同的物理空间中移动，但它会与虚拟环境中的不同空间相关联。

如果你打算移动用户，例如让他们在汽车或太空船等交通工具内四处移动，你需要更改追踪配置，默认情况下，追踪设置为允许用户在空间移动并在玩家距离游戏区边缘太近时用 Chaperone 系统显示边界。对于坐下体验（比如交通工具内的），我们需要关闭边界并更改追踪配置，以便我们的摄像机不再像房间中的人一样行动，这一点我们将在第 11 章详细介绍。

除非你自己设定玩家的垂直位置代码，当你放置摄像机装置时，需要将显示虚拟房间边界的蓝色图形放置在正确的垂直高度，以使游戏区域的底部与虚拟环境中的地面对齐。一个常见的错误是楼层水平错位导致物体位置低于物理空间允许的位置，当你使用运动控制器从地面拾取物体时，这点将变得尤为重要。如果虚拟地面位置太高，用户可能无法抓住物体，更糟糕的是，可能会在现实世界中撞击到控制器。我们需要特别小心可能会导致用户损坏设备的情况，所以请注意地板高度。

3.7 项目保存和备份

系统出错是最惨痛的教训，你会完全明白一定要定期保存项目。几小时的开发内容，只需要一次崩溃，大部分工作即会消失。崩溃会经常发生，特别是使用 VR 等新技术或尖端技术时。避免失去工作成果的最好方法是定期保存并定期备份项目。说真的，我知道备份可能是一件很麻烦的事情，但一天中花五到十分钟时间保存备份绝对是最好的方式，硬盘不会一直正常，备份是我们唯一的希望。

点击 File 菜单下面的 Save Project 保存项目。

等等！这不是全部。目前的场景尚未保存，保存项目不会同时保存场景，而需要单独执行。

点击 File 菜单下面的 Save Scene 保存场景。

Unity 会要求命名。命名为"garden"，然后单击 OK。

3.8　本章小结

在本章中，我们通过查看 Unity 编辑器中的视角和面板完成了一个速成课程。我们在着手设置 Unity 项目并从 Unity 资源商店下载 SteamVR 库之前定义了一些常用术语。如果一切顺利的话，你应该已经迈出了向自己虚拟世界的第一步，它开始有点大，所以我们要缩放它。通过导入 3D 模型，建立一个简单的花园场景，了解摄像机、缩放 VR 场景的基础知识。

现在是开启下一扇大门的时候了，或者说打开下一扇虚拟世界的门！在第 4 章中，我们增加交互性，使用 Unity 的代码框架作为 VR 示例的一部分，该框架可以从资源商店免费下载，它的构建方式为创建接口提供了一个可扩展的基础。

Chapter 4 | 第 4 章

添 加 交 互

　　相信现在你已经充分认识到，Unity 是一个很棒的引擎，它背后有一个专业的开发团队。如果你需要资源来开始你的项目，可以查看他们为用户准备的所有文档和免费代码。这给人的印象真是十分深刻：免费资源、免费代码和在线教程。在这个网址（https://unity3d.com/learn/tutorials/topics/virtual-reality）里，Unity 提供了 VR Samples 系列的教程，该教程是关于构建 VR 用户界面的。这里面不仅包括视频教程，还包括用户在制作项目可以用到的一些代码和资源。最重要的是，其中包含一个完善的交互框架，通过掌握基础的知识，我们可以利用这个框架来节省大量时间。

　　毫无疑问，这个 Unity 教程中提供的交互框架代码是顶级的，脚本经过深思熟虑，编写得非常好。这里并不需要重复 Unity 团队的工作，也不需要重复网站上免费阅读的内容，而是直接使用框架并在其基础上进行开发。该框架将构成本书中交互模块的基础，它提供了一个基于事件的可靠系统，用于处理用户的注视、控制器输入和交互信息。你根本不需要研究本书所提到的框架，但如果你对我介绍的内容感兴趣，可以去 Unity 网站上看完整的教程（http：//unity3d.com/learn/tutorials//topics/virtual-reality/interaction-vr）。

　　关于示例，我已经从 Unity 资源商店上提供的原始项目中下载了交互框架的脚本，网址为 https://www.assetstore.unity3d.com/en/#!/content/51519。该脚本后面将用于构建本书讲解的项目实例。

注意 HTC Vive 用户可能希望把 SteamVR 交互系统作为标准 Unity UI 的替代方法。SteamVR 的 UI 系统允许用户在虚拟世界中使用标准 Unity GUI 模块，这将在第 9 章中详细介绍。

4.1 添加交互框架

打开第 4 章的示例项目，并在 Unity 编辑器中打开 interactiveDoor 场景。

运行 Unity 后，打开文件资源管理器窗口，找到本书所用的示例项目。在示例项目的文件夹中，找到 UnityVRUI 文件夹。这里面包含 Unity 提供的构成交互框架的所有文件。将文件夹拖到 Unity 花园项目内的 Assets 文件夹中。

在这个文件夹中，可以看到：

❑ 包含图像的 GUI 文件夹。

❑ 包含一些 Utility 脚本的 Utils 文件夹。

❑ VRStandardAssets 文件夹，其中包含一个名为 Scripts 的子文件夹，主框架脚本就在里面。

4.2 添加瞄准光标

光标的作用是帮助定位对象。我们在模拟中，采用视图中心的一个小点作为光标。它只是一种视觉辅助，可以帮助用户准确地瞄准。但在可以显示任何类型的 UI 之前，我们需要添加 UI 画布。

4.2.1 添加一个 UI 画布

在前一章中我们添加了 [CameraRig] 预设体。接下来我们将把光标添加到摄像机中，使其成为 VR 的视点。

在 Hierarchy 面板中，找到 [CameraRig] 对象并展开它。它下面有一个名为 Camera(eye) 的子对象。

右键单击 Camera（eye）并选择 UI 下面的 Canvas 以添加 Canvas 游戏对象。新的 Canvas 将作为 Camera（eye）的子对象出现。

Canvas 的作用是显示用户界面。若从字面意义上看，可以将 Canvas 视为普通的画布，其中用户界面将呈现在其上。

右键单击 Canvas 游戏对象，选择重命名，将画布命名为 VR_HUD。

4.2.2 调整画布以适合 VR 场景

在桌面显示器上的常规游戏中，大多数界面的方法是将所有用户界面元素覆盖在游戏界面之上，就好像它们位于摄像机前面的透明塑料板上一样。在 VR 中，用相同的方式覆盖 UI 会使图像非常靠近摄像机，以至于玩家不可能关注到它们，用户界面将是一片混乱。由于这个原因，在 VR 模式下禁用此叠加方法（在 Unity UI 系统中称为屏幕空间覆盖）。这里需要使用 World Space 画布渲染模式。

设置为 World Space 的画布看起来有点像 3D 空间中的平板电视。画布就像一个普通的3D 对象，我们可以移动它，旋转它，缩放它，执行常规游戏对象可以执行的所有操作，并将 UI 渲染到其上。我们可以在摄像机前移动 World Space 渲染画布以使其可视，或将其附加到 3D 世界中的其他对象上，例如控制器或 3D 世界中的屏幕。我们对本书中用到的所有画布使用 World Space。

Unity 的 UI 系统允许使用多种不同方式来对齐对象，如自动居中、左对齐或右对齐。对齐系统的计算是基于用户尝试对齐的对象的父对象，例如，你有一个 Panel 对象并且添加了一个 Button 图像作为 Panel 的子对象，将 Button 设置为居中对齐，那么 Button 就会自动对齐到 Panel 的中心。如果你要将一个 Text 对象添加为该 Button 的子对象，然后将 Text 设置为居中，则 Text 会对齐到 Button 的中心。这种层级关系将持续下去。使用 World Space Canvas，则顶部对齐级别将是 Canvas 本身。由于 Canvas 保持固定的大小，可以很容易对齐UI 元素，因为你可以依赖 Canvas 的大小来进行模块定位。也就是说，你需要选择一个易于参考的画布大小和位置，并且不会使图像太大或太小。

对于 VR 的 UI 设计师来说，记住界面在实际模拟中的工作方式是很重要的，不仅要考虑美学，还要考虑整体效果。庞大而复杂的头戴式显示器（HUD）在 Photoshop 中可能看起来很棒但在虚拟世界中却变得难以理解。迭代是关键，从简单开始并逐步建立起来。

请注意，此画布将主摄像机作为父对象，这意味着它将时刻随摄像机一起移动和旋转。这对于某些类型的界面（如光标）来说是好的，但对于完整的菜单界面来说并不理想，因为混合到玩家面部的某些类型的界面可能会造成相当不舒服的体验。我们将在本书的后面部分讲解如何处理菜单界面，但现在你要明白在某些情况下将摄像机添加为父对象是个好主意。

用于光标的 Canvas 将很小并且位置很靠近摄像机。Canvas 的大小只需要能容纳小圆形图像即可。可以复制以下参数（或参见图 4-1），而不必一次次尝试来获得最佳结果：

Position：
  X：0
  Y：0
  Z：0.32
  Width：2
  Height：2

当然，还要确保尺寸为 X：1，Y：1，Z：1。

这就是 Canvas 对象的所有参数设置，现在还需要添加一张图像使它看起来像瞄准用的光标。

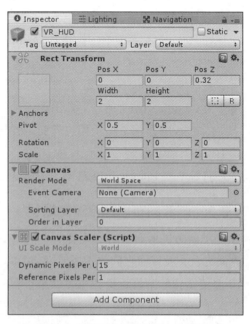

图 4-1　用于光标的 Canvas 属性

右键单击已重命名为 VR_HUD 的 Canvas 对象，选择 UI 下面的 Image。

新建的图像是一个白色的小方块形状。现在，切换图像将其更改为更有利于定位的形状。

在 UnityVRUI 文件夹中，包含一个名为 GUI 的文件夹，里面都是图像。当把图像导入游戏引擎时，Unity 都会默认将它们作为纹理引入。这些纹理图像以适合 3D 模型但不适合 Unity 接口系统的格式存储在内存中。Unity 默认将图像导入为可以制作 3D 游戏的纹理，但此时，这显然不是我们希望的。因此，需要更改图像导入设置，以便这些图像用于 UI 而不是 3D 模型。

要更改图像导入设置，在项目浏览器中单击 UnityVRUI 文件夹左侧的小箭头。展开该文件夹，以便浏览其内容。然后，单击 GUI 文件夹，就可以看到它包含的所有图像。

单击任一图像可以突出显示它，在键盘上按 Ctrl+A 将该文件夹中的所有图像选中，而不仅仅是某个图像。此时，它们都应能突出显示，并且在 Inspector 面板中，我们能够随时更改所有图像的属性。

将纹理类型从 Textrue 更改为 Sprite（图 4-2）。现在，GUI 文件夹中的所有图像都可以在画布上呈现为 UI。下一步是将方形图像更改为漂亮的圆形图像。

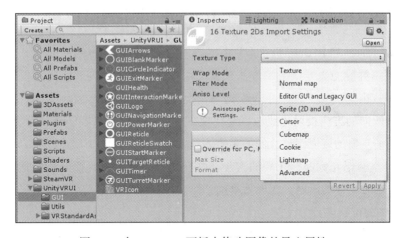

图 4-2　在 Inspector 面板中修改图像的导入属性

单击 Hierarchy 面板中的 Image 对象（请记住它是 VR_UI 画布的子对象）。选择 Image 对象后，就可以在 Inspector 面板中查看其属性。

找到 Source Image 字段。在它的右边有一个小圆圈，里面有一个圆点，代表一个目标。单击该图标弹出显示窗口，可以从中选择项目中的所有图像。弹出的窗口显示在编辑器的左侧。

在弹出的图像窗口中，找到 GUITargetReticle 图像。移动窗口右侧的滚动条，图像应该在约一半的位置。选择 GUITargetReticle。下一步是设置其 Transform。

可以使用如下参数：

```
Position：
  X：0
  Y：0
  Z：0
  Width：1.28
  Height：1.28
Scale：
  X：0.02
  Y：0.02
  Z：0.02
```

关于定位的确定，最好在 VR 内部进行。这样，你就可以看到它的确切位置，并且知道玩家将拥有的体验。光标的距离需足够远，以便消除焦点问题，但也不能太远，因为要使其可见且尺寸合理。抗锯齿过程以及耳机的分辨率将对你合理定位它的距离产生影响。

光标图像准备就绪，现在可以在游戏预览的中心看到它。在继续项目之前，对摄像机还有一些设置需要完成。

4.3　添加 VREyeRaycaster 和 Reticle 组件到摄像机

VREyeRaycaster 和 Reticle 是在本章前面导入的交互框架脚本的一部分。

这里使用一种称为光线投射的方法来找出用户正在查看的内容。光线投射的作用是发出假想线，并找出与之相交的对象。在这种情况下，VREyeRaycaster 脚本会从摄像机的视点沿摄像机所面向的方向投射光线，以查找视图中的第一个对象。Unity 的光线投射将获取射线碰到的任何对象的碰撞信息，例如碰撞体和射线击中的点。

Reticle 脚本确保光标保持正确的大小，并在用户查看对象时控制其位置。为了帮助用户理解摄像机前方物体的深度，光标将移动到用户注视与对象交叉点。这有助于我们判断物体在 3D 世界中的位置。

回到花园场景中，在 Hierarchy 面板中找到 [CameraRig] 对象并展开它，找到 Camera（eye）对象。单击 Inspector 面板底部的添加组件按钮，找到 Scripts 下面的 VRStandardAssets. Utils 中的 VR Eye Raycaster。

接下来，在 Hierarchy 面板中仍然选择 Camera（eye）对象，再次单击添加组件按钮并找到 Scripts 下面的 Reticle。

这些组件以不同方式连接，它们需要能够相互通信。例如，VREyeRaycaster 组件需要能够与 Reticle 脚本进行通信，还需要跟踪观众的输入。对于 VREyeRaycaster 来说，它需要在 Inspector 中保存与之通信的其他组件的引用。我们现在来设置这些参数。

4.3.1　设置 Inspector 引用

在把组件附加到游戏对象的脚本中，公共变量将在 Inspector 面板中显示为可以键入的文本字段或拖动引用（变量类型为对象的任何位置），将组件拖入 Inspector 面板中的这些字段，然后在代码中出现变量的位置，它将引用该字段中设置的实例。这是可以让 Unity 的脚本和组件之间进行通信的一种方式。

如果你还没在 Hierarchy 面板中选择 Camera（eye），请立即选择它，这样就可以在 Inspector 面板中查看其组件。找到 VR_Input、VREyeRaycaster 和 Reticle 组件（图 4-3）。

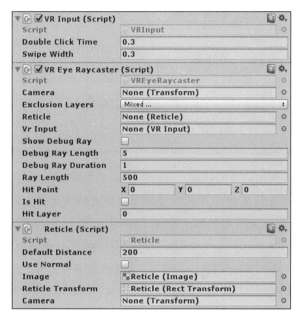

图 4-3　将脚本附加到 Camera（eye）游戏对象上以处理瞄准和交互

我们将逐个设置字段：

组件：VREyeRaycaster（脚本）

Camera

左键单击并将 Camera（eye）对象拖到 Camera 字段中。

Exclusion Layers

单击下拉列表并选择 Everything，将下拉列表中所有的图层显示出来。

Reticle

从 Inspector 面板中选择 Reticle（脚本）组件并将其放入此字段中。

VR Input

选择 Camera（eye）游戏对象并将其拖入此字段。Unity 将自动使用它找到附加到游戏对象上的 Reticle 组件的第一个实例。这里只演示使用游戏对象而不是组件，是为了说明你可以直接使用组件，或者让 Unity 通过拖动游戏对象自动找到组件，并附加一个。

组件：Reticle

Reticle Transform

Reticle Transform 字段是附加到 VR_HUD Canvas 的 Image 游戏对象上的。VR_HUD 是 Camera（eye）对象的子对象，需要展开 Camera（eye），然后展开 VR_HUD 以找到附加了 Image 组件的 Reticle 游戏对象。当 Reticle 在 Hierarchy 面板中可见时，再次选择 Camera(eye) 游戏对象以在 Inspector 面板中显示其组件。找到 Reticle 组件，然后单击 Reticle 并将其从 Hierarchy 面板中拖到 Reticle 的 Transform 字段上。

Camera

选择 Camera（eye）对象，将其放入此区域。对于该字段，Unity 将找到附加到其上的 Camera 组件。

点击播放以预览场景。当环顾四周时，光标应该要很好地定位在视图的中心。

4.3.2 防止光标剪切

当前的设置可能遇到的一个问题是，光标可能最终会剪切到场景中的其他 3D 对象内部并在其中成像。如果将光标成像在其他对象内部，则无助于定位，因为它将不再可见。有一个快速解决方案，涉及使用着色器。在本书示例文件的 3DASSETS 文件夹中，有一个 Shaders 文件夹是作为 VR Samples 文件的一部分，其中包含 Unity 提供的一些着色器。其中一个名为 UIOverlay 的着色器文件将在视图中的其他所有内容上方 / 前方绘制图像。

我已经在此着色器的示例文件中设置了一个素材，需要更改 Reticle 图像来使用它。在 Hierarchy 面板中，找到 Reticle 对象（在 VR_UI 下）并选择它。在 Inspector 面板中，找到 Image（脚本）组件，然后单击 Material 右侧的小目标图标，会弹出包含素材的窗口，单击选择 UIMaterialWithUnityShader。使用此着色器后，光标不会再成像在其他对象内。

随着光标设置完毕并准备就绪，我们继续进行交互式测试。在本章的下一部分中，我们将为场景添加一扇门，并使用一些代码来控制其打开和关闭。

4.4 在场景中添加门

在项目浏览器中，单击 3DASSETS 文件夹以在浏览器中显示其内容。找到 room_door 模型（旁边有一个小立方体图标的模型）。将该文件拖到 Hierarchy 面板，以便 Unity 将模型添加到场景中。

门生成在错误的地方（图 4-4），这意味着第一项工作是将门的位置纠正。

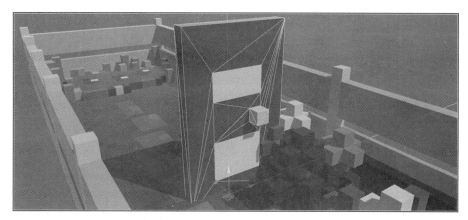

图 4-4　门模型首次添加到场景时，无法正确定位

单击 Hierarchy 面板中的 room_door 对象，然后在 Inspector 面板中将其 Transform 属性设置为以下数值：

Position：
　　X：-2.05
　　Y：1.05
　　Z：6.84
Rotation：
　　X：0.77
　　Y：0.77
　　Z：0.77

当门位置正确时，应该如图 4-5 所示。

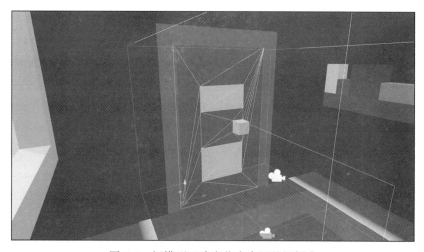

图 4-5　门模型正确定位在房屋的门框内

接下来，我们将添加一些新的组件以使门可以交互。

4.5 使门可以交互

给门添加交互需要两个组件。主要组件是 VRInteractiveItem，它是 Unity 提供的交互框架的一部分，它将捕获按钮按下或当头戴式显示器注视时触发的事件（例如注视碰到附加到同一游戏对象的碰撞体，或注视从碰撞体上移开）。VRInteractiveItem 在捕获按钮或注视事件时会触发自己的事件，我们可以使用自己的脚本访问 VRInteractiveItem 的事件，以便我们知道事件何时发生并可以对它们做出反应。实际上，VRInteractiveItem 充当我们的脚本和Unity 交互框架之间的接口。

如果尚未打开，请打开上一节中的主场景。

在 Hierarchy 面板中选择 room_door 游戏对象。在 Inspector 面板中，单击添加组件按钮，找到 Scripts 下面的 VRStandardAssets.Utils 中的 VR Interactive Item。

VRInteractiveItem 是一个独立的脚本，不需要任何设置，但它需要一个添加到门上的碰撞体，它将作为门把手的碰撞区域。该内容将在后面部分中进一步介绍。

用于交互的第二个组件将由我们自己编写脚本，它将捕获由 VRInteractiveItem 触发的事件。我们的脚本将是一个门控制器脚本，用于当门把手被触发时打开或关闭门，并发生OnClick 事件（按下按钮）。

4.5.1 创建门控制脚本

现在，再次单击添加组件按钮，在组件列表的底部点击 New Script，并将其命名为 Door-Controller，在语言下拉列表中选择 C#，然后单击创建并添加按钮。新的 DoorController 脚本组件将出现在 Inspector 面板中。

双击 DoorController 脚本，在脚本编辑器中打开它。

下面是完整的 DoorController.cs 脚本：

```
using UnityEngine;
using System.Collections;
using VRStandardAssets.Utils;
public class DoorController : MonoBehaviour {
    public bool isOpen;
    public Vector3 openRotation;
    public Vector3 closedRotation;
    public Transform ObjectToRotate;
    public VRInteractiveItem VR_InteractiveItem;

    void Start () {
        // update the current state of door
        UpdateDoorState();
    }

    void ToggleDoor()
    {
```

```
            // this will just use isOpen to toggle the
door open or closed
        if(isOpen)
        {
            CloseDoor();
        } else
        {
            OpenDoor();
        }
    }

    void OpenDoor()
    {
        // set isOpen and call to update the actual
door in the scene via the UpdateDoorState() function
        isOpen = true;
        UpdateDoorState();
    }

    void CloseDoor()
    {
        // set isOpen and call to update the actual
door in the scene via the UpdateDoorState() function
        isOpen = false;
        UpdateDoorState();
    }

    void UpdateDoorState()
    {
        // here we adjust the rotation of the door so
that it is physically open or closed
        if(isOpen)
        {
            ObjectToRotate.localEulerAngles =
openRotation;
        } else
        {
            ObjectToRotate.localEulerAngles =
closedRotation;
        }
    }

    private void OnEnable()
    {
        // subscribe to events from VR_InteractiveItem
        VR_InteractiveItem.OnClick += OnClick;
    }

    private void OnDisable()
    {
        // unsubscribe from events from
VR_InteractiveItem
        VR_InteractiveItem.OnClick -= OnClick;
    }
```

```
void OnClick()
{
    // call to toggle the door open or closed
    ToggleDoor();
}
}
```

4.5.2 脚本分解

此脚本工作所需的唯一附加库是 VRStandardAssets.Utils 命名空间。如果没有此引用，我们将无法访问其他 Unity 制作的脚本，如 VRInput 或 VRInteractiveItem 代码：

```
using UnityEngine;
using System.Collections;
using VRStandardAssets.Utils;
```

接下来是类声明，这是一个标准的 MonoBehaviour 派生脚本（这样我们就可以使用 Unity 内置的自动调用函数，如 Start 和 Update 等），然后是变量声明：

```
public class DoorController : MonoBehaviour {

    private bool isOpen;

    public Vector3 openRotation;
    public Vector3 closedRotation;
    public Transform ObjectToRotate;

    public VRInteractiveItem VR_InteractiveItem;
```

我会在代码中使用到变量时来解释它们的用处，而不是一次性描述上面代码中的每个变量。这里需要注意的是 isOpen 是一个私有变量，其他的都是公共变量。因为除了 isOpen 之外的所有内容都将在 Inspector 面板中公开，以便我们可以在其中输入值或根据需要设置引用。isOpen 是 DoorController 脚本用于跟踪门状态的变量，不需要从任何其他类访问。

```
void Start () {
    // update the current state of door
    UpdateDoorState();
}
```

上面，第一个函数是 Start()，它是 Unity 场景播放时自动调用的函数之一。变量 isOpen 是一个布尔型变量（它的值只能是 true 或 false），它被用来跟踪门状态。我们希望场景中的门模型与脚本保持同步，因此当脚本首次启动时，我们调用 UpdateDoorState() 函数来根据需要打开或关闭门。

```
    void ToggleDoor()
    {
        // this will just use isOpen to toggle the
door open or closed
        if(isOpen)
        {
            CloseDoor();
```

```
    } else
    {
        OpenDoor();
    }
}
```

在 ToggleDoor() 函数中，使用 isOpen 变量跟踪门状态。当 ToggleDoor() 函数被调用时，如果 isOpen 变量值为 true，则该函数将关闭门，如果 isOpen 变量值为 false，则打开门（通过旋转门模型来实现）。

```
    void OpenDoor()
    {
        // set isOpen and call to update the actual
door in the scene via the UpdateDoorState() function
        isOpen = true;
        UpdateDoorState();
    }

    void CloseDoor()
    {
        // set isOpen and call to update the actual
door in the scene via the UpdateDoorState() function
        isOpen = false;
        UpdateDoorState();
    }
```

上面代码中的函数名称并非巧合。OpenDoor() 函数将 isOpen 变量设置为 true，并调用 UpdateDoorState() 函数来处理门模型的旋转。

而 CloseDoor() 函数恰恰相反。它将 isOpen 变量设置为 false，然后再次调用 UpdateDoor-State() 来更新门模型的旋转。

```
    void UpdateDoorState()
    {
        // here we adjust the rotation of the door so
that it is physically open or closed
        if(isOpen)
        {
            ObjectToRotate.localEulerAngles =
openRotation;
        } else
        {
            ObjectToRotate.localEulerAngles =
closedRotation;
        }
    }
```

UpdateDoorState() 函数负责将场景中的门模型旋转到打开或关闭位置。但这里没有开关门的动画或过渡，它只是开状态和关状态之间的直接切换。

该函数的工作过程如下：如果 isOpen 值为 true，则将 ObjectToRotate 的 localEulerAngles 参数值设置为向量 openRotation 的值。如果 isOpen 值为 false，则将 localEulerAngles 的参

数值设置为向量 closedRotation 的值。openRotation 和 closedRotation 中的向量可在 Unity 的 Inspector 面板中进行设置。在下一节将介绍这一内容。

这就是开门和关门的全部操作。我尽力使这个例子简单明朗。如果你喜欢，可以在这里播放动画或使用 Vector3.Lerp 使门有旋转效果。

脚本的下一部分涉及处理 VRInteractiveItem 触发的事件：

```
private void OnEnable()
{
    // subscribe to events from vrInput
    VR_InteractiveItem.OnClick += OnClick;
}
```

当一个组件（或它附加到的游戏对象）在场景中变为活动状态时，Unity 会自动调用 OnEnable 函数。VR_InteractiveItem 是一个变量，包含对此脚本所附加到的同一游戏对象的 VRInteractiveItem 组件的引用。在这里，我们让 VR_InteractiveItem 为其 OnClick 事件添加一个监听器。如果打开 VRInteractiveItem C# 脚本，就会看到它具有 OnClick 的变量声明，如下所示：

```
public event Action OnClick;
```

为解释这一点，这里采用一个比喻。让我们假设 VRInteractiveItem 是家中的 HiFi 音响系统。而在代码中，当将变量声明为 Action 时，就好像为音响系统设置了扬声器，扬声器开始是静音的。在 VRInteractiveItem 代码中，我们调用 OnClick.Invoke() 函数来打开扬声器，它会产生声音。在这个阶段，音乐可能正在播放，但没有人听它。现在，想象一下另一个脚本（DoorController）想要听音乐，所以它订阅了 OnClick 事件，成为扬声器的听众。当 VRInteractiveItem 打开其扬声器（触发事件）时，DoorController 会听到它并可以对自己的代码做出反应。也许它会做那只时髦的鸡？

可以通过订阅同一个事件来添加任意数量的其他脚本作为监听器，就好像所有其他脚本都在一起听音乐一样，像不像脚本派对！当有脚本作为听众时只需要播放扬声器，因此进行快速检查以确保事件至少有一个监听器。好吧，现在把扬声器忘掉。

这段代码的工作方式是：VRInteractiveItem 将触发一个 OnClick 事件，只有当按下一个按钮并且它有订阅者时才会触发它。这里 DoorController 已经订阅了 OnClick 事件，如下所示：

```
VR_InteractiveItem.OnClick += OnClick;
```

传入 OnClick 事件的是我们想要在 VR_InteractiveItem 里触发 OnClick 事件时调用的 DoorController 类中的函数名称。现在，当用户按下按钮或单击鼠标时，将调用 DoorController 类中的 OnClick 函数。只要它们正在查看此游戏对象，VRInteractiveItem 将触发自己的 OnClick 事件，从而触发我们在 DoorController 中设置的功能。

就像你想听一件事情一样，当你不再需要听时，你需要它停止。在代码的下一部分中，删除了 OnClick 的订阅，在场景结束时，停止监听它：

```
private void OnDisable()
{
    // unsubscribe from events from vrInput
    VR_InteractiveItem.OnClick -= OnClick;
}
```

这里有两个运算符可用于订阅或取消订阅事件：

To subscribe	+=
To unsubscribe	+=

值得注意的是，这些运算符与用于添加或减去数字的运算符是相同的。这里可以将其视为给事件添加或减少监听器。

OnDisable() 函数与 OnEnable() 函数的功能是相反的，它在组件（或游戏对象）被禁用或不活动时被调用。OnDisable() 函数是放置对象被销毁时需要调用的代码的好地方（例如加载新场景时需要在开始时进行一些清理）。

该类的最后几行代码：

```
void OnClick()
{
    // call to toggle the door open or closed
    ToggleDoor();
}
}
```

我们在 OnEnable() 函数中订阅了 VRInteractiveItem 中的 OnClick 事件，告诉 Unity 在 VRInteractiveItem 的 OnClick 事件发生时调用上面的函数。

然后，调用 ToggleDoor() 函数将门打开或关闭。

 注意 根据脚本的定义，单击将被视为按下按钮。

4.6 门把手添加盒碰撞体

要完成这个项目还有很多工作要做。目前，所有脚本都已完成，因此切换回场景以在 Inspector 面板中对游戏对象进行操作。

如果还没选择对象，请单击 Hierarchy 面板中的 room_door 游戏对象。在 Inspector 面板中，单击添加组件按钮并找到 Physics 下面的 Box Collider 组件。

这里提供我用于碰撞体的参数，但你也可以通过 Inspector 面板（图 4-6）或使用场景工具将其随意定位和缩放。碰撞体将成为头戴式显示器注视的焦点，因此需要将碰撞体放在一个对用户有意义的位置，使其位于打开门时正确的位置。碰撞体可以覆盖整个门，也可以仅覆盖门把手。这里选择只覆盖门把手，下面是所设置的属性参数：

Center：
　　X：4.74
　　Y：6.52
　　Z：-1.51
Size：
　　X：1.3
　　Y：1.3
　　Z：1.3

在碰撞体设置完成后，剩下要做的就是在 DoorController 组件上设置一些引用。

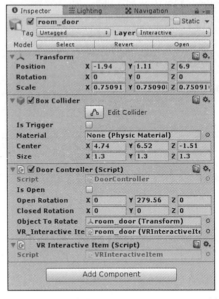

图 4-6　Inspector 面板显示附加到 room_door 对象上的所有组件，包括 Box Collider

4.7　DoorController 组件设置引用

在 Inspector 面板中 DoorController 组件有四个可见的字段，分别是：

Open Rotation
这是门处于打开状态的旋转向量。输入以下值：

X：0
Y：279.5
Z：0

Close Rotation
这是门处于关闭状态的旋转向量。可以把它设置为 0,0,0。

Object To Rotate
这是打开或关闭门时，将要被旋转的游戏对象。在这里，只需要旋转 room_door 对象。将 room_door 游戏对象从 Hierarchy 面板中拖到此字段中。

这里选择将此变量在 Inspector 面板中公开，以便将来重用此脚本，并且无论出于何种原因，需要旋转的父对象或其他对象必须是附加了脚本的对象。

VR_Interactive Item
你可能还记得本章前面脚本中的这个变量。它需要引用附加到此游戏对象的 VRInteractive-Item 组件。

仍在 Inspector 面板中单击 VRInteractiveItem 组件，然后将其拖到此字段中。

最终的 DoorController 组件应该如图 4-7 所示。

图 4-7　DoorController 组件及其所有参数和引用设置

点击播放按钮进行场景预览测试。在 VR 中，现在应该能够看到门把手，按下控制器上的按钮可以将其打开。如果没有控制器，可以使用鼠标，但是在戴上头戴式显示器之前需确保将鼠标放在游戏预览中的某个位置，然后使用鼠标左键进行交互。如果单击时鼠标没有悬停在 Unity 中的游戏视图上，则 Unity 不会将其注册为点击进入游戏，它可能会失去焦点。

4.8　保存工作

你已经完成了这个项目的所有内容，点击停止播放按钮（如果 Unity 还在播放场景的话）。保存你的项目。

单击菜单栏中 File 下面的 Save Scene。

4.9　本章小结

到目前为止，本章是我们最深入的一章！我们已经设置了一个光标，以帮助玩家能够瞄准一个物体，还设置了 VREyeRaycaster 以找出玩家所在的位置，最后还为场景添加一个门模型，并为其添加组件。我们编写了一个新的脚本来处理 VRInteractiveItem 组件，以了解何时打开和关闭门。你已经知道了 VRInteractiveItem 组件如何通过订阅和取消订阅事件来进行函数在事件触发时的调用。这是 Unity VR 交互框架的核心。将 VRInteractiveItem 添加到你想要进行交互的任何对象，注册其事件，你就可以以任何你喜欢的方式为玩家创建脚本以进行交互。

在第 5 章中，我们将学习 SteamVR 的远程传送系统，让玩家可以在花园里移动。当你完成打开和关闭门的项目后，请继续阅读下一章！

第 5 章

构建头戴式显示器和游戏控制器
用户界面

5.1 制作主菜单场景

主菜单场景为玩家提供加载游戏或退出游戏的菜单。在游戏开始之前使用屏幕是确保用户正常设置头戴式显示器并准备就绪的好方法。

在本章中,我们首先整理一个可重复使用的按钮脚本,以便在任何需要的地方添加按钮,并且将来的项目可能会再次使用相同的脚本。从简单的用户界面到交互式 Awooga 按钮,再到本章结尾,你将了解如何实现界面的交互。在第 4 章中看到的 Unity 交互框架将用于处理光线投射和核心事件设置。按钮脚本添加进交互框架,扩展到基本交互模型,以演示如何为交互式内容和界面开发自己的项目。

根据使用者的注视(VR 头戴式显示器正注视的位置)来确定哪个按钮正被注视。当按钮正被注视时,该按钮具有的内置进度条将在设定的时间内增加。当进度条到达顶部时假设这个按钮是使用者想要选择的按钮,继续执行附加到该按钮的操作。这种类型的按钮在 VR 中已很常见,并且它的工作方式对于使用者来说很容易理解。定时按钮对于任何具有 VR 经验的人来说也可能是熟悉的。

UI 系统的结构如图 5-1 所示。

5.1.1 打开示例项目

打开本章的示例项目,使用第 4 章使用的光标来瞄准 VR_Input 组件以追踪游戏控制器的输入和 VREyeCaster 组件,从而找到头戴式显示器正在注视的内容。

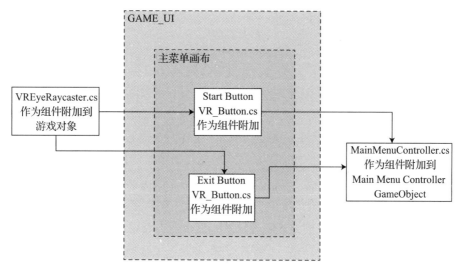

图 5-1　UI 系统结构

在 Project 窗口中单击 Scenes 以显示其中的内容，找到 mainMenu 场景并双击它。

5.1.2　创建画布进行用户界面绘制

为了保持条理，在场景中添加空的游戏对象以充当 UI 的父级，单击 Hierarchy 顶部的 Create 按钮显示下拉菜单，在下拉菜单中选择 Create Empty 并将新的空游戏对象重命名为 GAME_UI。

右键单击 GAME_UI 并选择 UI 下面的 Canvas。

将 Canvas 重命名为 MainMenuCanvas。

在第 3 章中，我们为光标创建了一个 Canvas，并注意到 Canvas 的标准设置不适用于 VR。我们需要更改附加在 MainMenucanvas 的 Canvas 组件的参数，例如其渲染模式设置，以使其在头戴式显示器内可见。

在 Inspector 的 Canvas 部分中，将 Render Mode 设置为 World Space。

从 Hierarchy 中拖动 Camera 游戏对象并将其放入 Camera 字段中。

Sorting Layer 设置为 Default。

Layer 中的顺序设置为 0。

在 Canvas Scaler 组件中确保以下值已设置好：

❑ UI 比例模式应为灰色，因为我们在 Canvas 中使用了 World Space 渲染模式；

❑ 每单位动态像素（Dynamic Pixels Per Unit）设置为 1；

❑ 每单位参考像素（Reference Pixels Per Unit）设置为 100。

随着对 Canvas 进行的一些设置，这个时候基本已经准备好了。为了使界面在虚拟空间中运行良好，将使用 UIMovement 组件。

移动组件添加到画布

第 3 章中光标是主摄像机的子对象，它可以连接到使用者的头部并随之移动，以帮助瞄准。当我们制作菜单系统时，这种类型的相机锁定行为不会起作用。我们需要能够查看屏幕的不同区域，以便在菜单上显示多个项目，因此至少在某种程度上将菜单固定，但仍允许其移动。解决这个问题的其中一种方法是将界面锁定在两个轴上，使其跟随使用者的头部左右移动。它可以与头戴式显示器水平同步移动，或者稍微滞后以获得不同的感觉。菜单的垂直轴可以锁定在 3D 空间中，使头戴式显示器可以向上或向下移动以轻易地选择不同的项目，同时将其水平轴锁定以保持菜单位于视图的前面。本节将添加一个脚本到 Canvas，该脚本将使得 Canvas 以一种很好的方式随着头戴式显示器一起移动。就个人而言，我更喜欢完全静态的菜单作为周围环境的一部分，但这并不总是一个选择，一些设计师会想要做一些与我们在这里看到的更相似的东西。并非所有 UI 设计都适合作为环境的一部分包含在内，这种方法能够支持更抽象的设计，使使用者可以轻松找到并与之互动。

在 Hierarchy 中选择 MainMenuCanvas，单击 Inspector 中的 Add Component，选择 Scripts 下面的 VRStandardAssets.Utils 中的 UI Movement。

可以看到新组件出现在 Inspector 中（图 5-2）。UI Movement Component 中有五个字段，即：

1）Look at Camera

该脚本是否应该使 Canvas 始终面向相机呢？答案是肯定的，勾选此项并继续。

2）UI Element

单击并将 MainMenuCanvas 拖动到此字段中，这样做是为了让脚本知道要移动哪个 UI 模块。

图 5-2　Inspector 中的 UI 移动组件，附加到 MainMenuCanvas

3）Camera

这就是 UI 跟随并放在前面的相机，在 Hierarchy 中找到 Camera 并将其拖到此字段中。

4）Rotate with Camera

该脚本是否应该使画布随相机一起旋转呢？答案是肯定的，勾选此项。

5）Follow Speed

通过更改数字可以轻松调整脚本的平滑程度，10 的平滑效果较为不错，因此在字段中输入 10。

Canvas 现在可以很好地使用相机，但在实际添加要绘制的模块之前，无法看到太多内容。

5.1.3　创建按钮

首先创建一个空的游戏对象作为按钮。

右键单击 Hierarchy 中的 MainMenuCanvas 对象，选择 Create Empty，将新的游戏对象重命名为 StartButton。

下一步，向按钮添加组件以使其工作，有三个组件将使按钮起作用，分别是：

1）VR Interactive Item(script)

Unity 交互框架提供了此组件，按钮使用它来监视使用者何时注视这个游戏对象。

2）Box Collider

对于要跟踪的任何类型的碰撞或光线投射交叉点，与之交互的对象必须具有碰撞体组件，如果没有任何一种类型的碰撞体，光线投射将无法识别该对象。对按钮来说，Box Collider 的矩形形状使其像按钮一样。

3）VR_Button(script)

VR_Button 组件是一个自定义脚本组件，将在 5.1.4 节进行编写。把它挂钩到 VR 交互项目组件，当用户注视在按钮上时起作用。

单击 Inspector 中的 Add Component，将新组件添加到 StartButton。

选择 Scripts 下面的 VRStandardAssets.Utils 中的 VR Interactive Item。

VR 交互式组件在 Inspector 中没有任何属性或其他需要更改的内容，因此继续并添加下一个组件。

单击 Add Component。找到 Physics 下面的 Box Collider。

保持 Box Collider 的中心位于 0,0,0，但我们需要改变大小，在 Size 中输入以下内容：

X: 344
Y: 57
Z: 1

在继续并开始编写 VR_Button 组件之前，为按钮设置图形模块。

5.1.4　添加 UI 滑块显示按钮进度

UI 滑块通常用作界面模块用于使人们能够拖动更改数值或滚动区域。滚动条是 Slider 的一个例子。

Slider 可作为进度条以显示值（在 0 ~ 1 之间），我们将删除 Slider 的交互式部分使其仅仅是一个进度条，然后利用它来显示玩家注视按钮的时间。当进度达到满时，将触发按钮操作。

为添加 UI Slider，右键单击 Hierarchy 中的 StartButton 游戏对象，然后选择 UI 下面的 Slider。

展开 Hierarchy 中的 Slider，单击 Handle Slide Area 对象（图 5-3），按下键盘上的 Delete 键将其从场景中

图 5-3　删除 Handle Slide Area 对象并使用 UI Slider 作为进度条

删除。

在 Hierarchy 中选择 Slider，需要在 Inspector 中更改其某些设置，分别是：

1）交互（Interactable）

将此设置为 false(unchecked)，因为我们不希望使用者能够对此对象执行任何操作，需要做的一切都将由代码处理。

2）移动（Transition）

从下拉列表中选择 None，默认设置是 Color Tint，但除了显示进度外，无需对 Slider 执行任何操作。

3）导航（Navigation）

Automatic 的默认设置意味着将自动处理画布上 UI 元素之间的导航。由于不用通过控制器或其他输入设备进行导航，因此请在下拉列表中将 Navigation 设置为 None。

4）填充（Fill Rec）

导入要用于填充进度条的图像，默认情况下，Fill Rect 将设置为 Fill image，可以在 Hierarchy 中作为 Slider 的子对象进行更深入的填充。无须更改此设置。

5）操作条矩形（Handle Rect）

操作条矩形是用作句柄时的图像。在典型的滚动条上，句柄将是你单击并拖动以更改视图的一部分。在没有使用句柄时，它的值目前是 Missing(Rect Transform)。将其保留为 Missing 是可以的，但我更喜欢保持整洁。单击该字段右侧的小目标图标。从列表中选择 None。

6）方向（Direction）

从左到右为合适的。除非确定进度条在另一个方向上更有意义，否则这就是显示进度条的正确方法。

7）最小值（Min Value）

将数字传递给这个滑块以告诉它进度条应处于什么位置。Unity 的开发人员提供了最小值字段而不是假设进度条在值为零时不显示任何内容，以便你可以确定比例上"无进展（no progress）"的位置，在这里，我们将其保持为 0。

8）最大值（Max Value）

一个滑块有最小值，当然也有最大值。当其值（我们将传入其中的数值）为最大值时，进度条为满。这里保持为 1。

9）整数（Whole Numbers）

取消选中此框，因为脚本将使用 0～1 之间的十进制值。

10）值（Value）

你可以不通过代码传递任何内容来决定 Slider 的起始位置。值滑块也是在编辑器中可视化滑块的好方法。可以随意上下拖动以查看滑块的工作原理，完成后将其值返回为0。

11）值变化事件（On Value Changed Events）

这里可以留空。它用于在用户拖动操作条以更改滑块值时触发事件，但因为我们没有以这种方式使用滑块，因此如果用户碰巧点击此处，则不需要触发任何事件。

Slider 游戏对象已准备就绪，现在只需要更改图形的大小和颜色，以便在屏幕上更加清晰地显示进度。

1. 更改滑块背景颜色

背景颜色默认为浅灰色，这对我们来说有点亮。按钮在较暗的颜色下效果会更好。

在 Hierarchy 中，单击 Background 游戏对象（可以在滑块下找到它）。在 Inspector 中，查看 Image 组件，找到 Color 字段。它应该是一个白色矩形，单击颜色矩形以显示颜色选择器并选择黑色。

填充颜色同样与我想要的不一样。因此也改变填充颜色。

2. 更改填充颜色

在 Hierarchy 中展开 Fill Area 以显示填充对象，单击颜色矩形以显示颜色选择器并选择漂亮的亮红色，这个颜色可使使用者更容易看到它增加的过程。

3. 调整滑块的大小

实际上对其调整大小需要处理两个属于滑块的组件。

首先，单击 Slider 游戏对象。在 Inspector Rect Transform 区域中，设置以下字段：

Width: 334
Height: 37

为了获得用于调整大小的以上数字，以上选择的尺寸看起来可以容纳几种不同大小的菜单按钮文本（至少需要这些按钮来适配其中的开始游戏和退出文本）。如果以后选择不同大小的字体，可以轻松调整其大小。

它的工作方式是让 Slider 的大小决定整个区域，就像自己的迷你画布一样。当你更改组成 Slider 子对象的大小时，它们的大小将落在整个 Slider 设置的大小范围内。下一节调整 Background 游戏对象的大小时，将能亲眼看到它是如何工作的。

4. 调整背景图像的大小

Slider 的尺寸是适合的，但是你可能会发现实际的图片并没有改变尺寸。需要单独编辑它们，首先要调整的图片是 Background。

找到 Background 游戏对象。在 Inspector 中，找到 Rect Transform 组件并单击左上角的 Anchor Presets 按钮（图 5-4），Anchor Presets 帮助你快速选择游戏对象将如何受到影响并锁定到它的父对象。

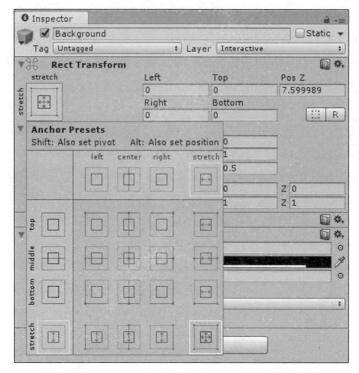

图 5-4　Inspector 左上角的 Anchor Preset 按钮将使 Unity 显示用户界面模块的 Anchor Presets 菜单

在 Anchor Presets 的右下方是一个可以实现界面元素拉伸以填充其父对象边界的按钮，它通过将锚点设置为自动定位在允许的显示区域的每个角落来实现。由于锚点位于角落，每当父对象改变位置时，这个对象将继续拉伸填充。我们需要点击三次，但每次都会有点不同：

1）单击 Stretch 按钮一次（图 5-5）。单击该按即执行"拉伸尺寸来填充"。

图 5-5　Stretch Anchor Preset 用于使 UI 元素拉伸以填充可用的 Canvas 区域

2）按住键盘上的 Alt 键，然后第二次单击 Stretch 按钮。单击的同时按住 Alt 键有效地执行"确保对象轴心随着拉伸移动"。

3）按住键盘上的 Ctrl 键再次单击 Stretch。Ctrl 键的按下执行"同样移动这个模块的位置并拉伸"。

随着将锚点设置为拉伸填充，背景将立即拉伸以适应 Slider 的区域。

接下来，调整 Fill 游戏对象的大小。

　　调整 Fill 游戏对象大小的过程与调整 Background 的过程相同。选择 Fill 并使用 Anchor Presets 菜单将其拉伸以填充该区域。

5.2　编写 C# 按钮脚本

　　Unity 提供的交互框架是追踪使用者注视和追踪控制器按钮或鼠标点击的好方法。尽管 Unity 提供了示例文件，但我认为研究如何扩展框架来构建自己的组件更为有用。本节将讨论基于注视的按钮是如何工作的。

　　完整的 VR_Button.cs 脚本：

```csharp
using UnityEngine;
using System.Collections;

using UnityEngine.UI;
using VRStandardAssets.Utils;
using UnityEngine.Events;

public class VR_Button : MonoBehaviour {

    public VRInteractiveItem VR_InteractiveItem;
    public Slider slider;

    [Space(20)]
    public float activationTime =2; // in seconds

    private float gazeTimer;
    private bool gazeOver;

    public UnityEvent OnActivateEvent;

    void Update()
    {
        // if we are not looking at this button, reset
the gaze timer to zero
        if (!gazeOver)
        {
            // reset timers to zero
            gazeTimer = 0;
        } else
        {
            // as we are looking at the button, let's
go ahead and increase gaze timer to time how long the
gaze lasts
            gazeTimer += Time.deltaTime;
        }
        float theSliderNum = gazeTimer /
activationTime;
        slider.value = theSliderNum;

        // check to see if we are ready to activate
        if ( gazeTimer >= activationTime)
```

```
        {
            // tell the event attached to this button,
to go!
            OnActivateEvent.Invoke();
        }
    }
    private void OnEnable()
    {
        // subscribe to hover events from
VR_InteractiveItem
        VR_InteractiveItem.OnOver += OnGazeOver;
        VR_InteractiveItem.OnOut += OnGazeLeave;
    }
    private void OnDisable()
    {
        // subscribe to hover events from
VR_InteractiveItem
        VR_InteractiveItem.OnOver -= OnGazeOver;
        VR_InteractiveItem.OnOut -= OnGazeLeave;
    }
    void OnGazeOver()
    {
        gazeOver = true;
    }
    void OnGazeLeave()
    {
        gazeOver = false;
    }
}
```

脚本分解

这个脚本包含很多库在运行：

```
using UnityEngine;
using System.Collections;
using UnityEngine.UI;
using VRStandardAssets.Utils;
using UnityEngine.Events;
```

如果你想编写访问 Unity 用户界面模块（如 Slider）的代码，则需要用到 UnityEngine. UI 命名空间。

VRStandardAssets.Utils 命名空间包含 Unity 为交互框架提供的脚本集合。我们将在脚本中进一步引用 VRInteractiveItem 组件，该组件仅在脚本开始引用的库中才能访问。

最后，我们看到 UnityEngine.Events，这是一个需要更多说明的库。如果你之前还没有见过 UnityEvent，那么向组件添加可自定义的行为是一种非常方便的方法，我们将在脚本中详细深入介绍这个系统。

接下来是从 MonoBehaviour 派生的类声明，该类可以使用自动调用的函数（如 Update()），接下来是变量声明：

```
public class VR_Button : MonoBehaviour {
    public VRInteractiveItem VR_InteractiveItem;
    public Slider slider;

    [Space(20)]
    public float activationTime =2; // in seconds
    private float gazeTimer;
    private bool gazeOver;
    public UnityEvent OnActivateEvent;
```

上面代码中的大多数变量，当它们出现时我们可以进行说明，但有几点需要注意。

首先 [Space（20）] 不是一个变量，而是一个属性。Unity 有几个不同的属性，可以为 Inspector 显示变量的方式提供一定程度的自定义。Space 属性将在 Inspector 中的变量之间创建一个空间。在这种情况下，属性上方的变量与其下方的变量之间将出现 20 像素高的空间。

上面最后的变量声明是 OnActivateEvent，它是 UnityEvent 类型。如前所述，Unity Events 是向组件添加可自定义行为的好方法。在 Inspector 中显示 UnityEvent 字段的方式与其他变量不同，它包括用于设置行为的界面（图 5-6）。

图 5-6　UnityEvent 类型为 Inspector 添加了一个接口

我们使用它的方式是在 Inspector 中为按钮设置行为。基本上，拖入想要调用的脚本，然后通过下拉菜单从脚本中选择一个函数。Inspector 中有 UnityEvent 接口的所有部分。

当我们需要触发按钮行为时，我们可以在 OnActivateEvent 变量上调用一个函数，该函数将执行对 Inspector 中设置的脚本的函数调用。

脚本的下一部分涉及当使用者注视此按钮时使进度条上升：

```
    void Update()
    {
        // if we are not looking at this button, reset
the gaze timer to zero
        if (!gazeOver)
        {
            gazeTimer = 0;
        } else
        {
            // as we are looking at the button, let's
go ahead and increase gaze timer to time how long the
gaze lasts
            gazeTimer += Time.deltaTime;
        }
```

只有当使用者注视按钮希望提升进度条时以及当使用者的视野远离它时，进度条才需要重置为零。在上面的代码中，我们查看 gazeOver 的条件是否为 false，这只会在当使用者未看着此按钮时发生，然后重置变量 gazeTimer 中保存的进度以重置进度条。

只要 gazeOver 不为 false，else 语句便会执行，并添加 Time.deltaTime 到 gazeTimer。Time.deltatime 是在此帧更新和上次更新之间经过的时间量。也就是说，自上次调用 Update() 以来的时间，如果使用者正看着按钮，我们可以知道他们在寻找帧更新之间的这段时间，所以，可以将它添加到 gazeTimer 以追踪注视时间。

这意味着在 gazeTimer 中，可以清楚计算使用者看着这个按钮的时间。下一个任务是将其转化到 0 ~ 1 之间的百分比值，以便我们以图形方式显示 Slider 值：

```
float theSliderNum = gazeTimer / activationTime;
```

在上面的代码块中首先声明 theSliderNum。gazeTimer 是使用者注视按钮所花费的时间，activationTime 是在激活它之前希望查看按钮的时间量（以秒为单位）。theSliderNum 设置为 gazeTimer/activationTime，它给出了一个 0 ~ 1 之间的数字作为设置 Slider 的值。

Slider UI 模块有一个名为 value 的属性，紧跟 theSliderNum 的值设置：

```
slider.value = theSliderNum;
```

在 Update() 函数中剩下要做的就是用 gazeTimer 标记我们的位置：

```
        if ( gazeTimer >= activationTime )
        {
            // tell the event attached to this button,
to go!
            OnActivateEvent.Invoke();
        }
    }
```

上面，条件询问 gazeTimer 是否大于或等于 activationTime，也就是说，询问使用者是否注视了这个按钮足够长的时间来激活它，如果满足此条件，则在 OnActivateEvent 上调用 Invoke() 函数。是否记得早些时候我提到过这个 UnityEvent 类型变量 OnActivateEvent？无论在 Inspector 中设置什么行为，都将通过此单个 Invoke() 调用在此处调用。

接下来，告诉 VR_InteractiveItem 组件接收事件：

```
private void OnEnable()
{
```

OnEnable() 函数是在场景中首次激活或启用从 MonoBehaviour 派生的脚本时，自动调用的另一个函数。

因为它发生在任何类型的主循环更新之前，所以是订阅事件的正确位置。在这里这样做是为了安全起见，这样，在第一次主循环更新发生时，这个脚本便已经设置好并可以立即执行了。

在第 4 章中曾经查看 VRInteractiveItem 组件并使用它来注册门上的点击以打开它。与

OnClick 一样，VRInteractiveItem 还提供了一些对用户交互有用的事件。上面订阅了它的
OnOver 和 OnOut 事件。当使用者首次注视附有 VRInteractiveItem 组件的游戏对象时，将触
发 OnOver，当使用者注视其他位置时将触发 OnOut。

与第 4 章中汇总的 OnClick() 事件一样，只要 VRInteractiveItem 中的适用事件触发，就
会传递我们想要触发的函数名称：

```
// subscribe to hover events from VR_InteractiveItem
    VR_InteractiveItem.OnOver += OnGazeOver;
    VR_InteractiveItem.OnOut += OnGazeLeave;
}
```

提醒一下：+= 运算符用于添加变量。在上面的代码中，我们有效地将 OnGazeOver 添
加到 VR_InteractiveItem.OnOver。你可以使用相同的运算符（+=）添加多个函数，事件将自
动调用多个函数。这同样也适用于多个脚本。订阅事件的脚本都将被触发。例如，如果你
想创建另一个在 OnOver 发生时播放声音的脚本，你可以使用与另一个脚本相同的方式订阅
VR_InteractiveItem，它并不会影响此按钮的行为。

继上面的代码之后，OnDisable() 函数包含取消订阅 VRInteractiveItem 注视事件的代码：

```
    private void OnDisable()
    {
        // subscribe to hover events from
VR_InteractiveItem
        VR_InteractiveItem.OnOver -= OnGazeOver;
        VR_InteractiveItem.OnOut -= OnGazeLeave;
    }
```

运算符 -= 用于删除。在上面代码中，从之前在 OnEnable 函数中订阅的事件中删去这
些函数，以便它们不再由事件触发。

最后，我们有 OnGazeOver() 和 OnGazeLeave() 函数本身（这是我们订阅 VR_InteractiveItem
事件所调用的函数）：

```
    void OnGazeOver()
    {
        gazeOver = true;
    }
    void OnGazeLeave()
    {
        gazeOver = false;
    }
}
```

gazeOver 是布尔型变量，用于追踪使用者是否正在查看按钮。回到 Update() 函数，检
查 gazeOver 的状态以决定是否重置用于进度条的 gazeTimer，或者为它添加更多时间。

上面的最后一个括号关闭了类，到此我们完成了 VR_Button 脚本！保存脚本（键盘上
的 Ctrl+S）并切换回到 Unity 编辑器。

5.3　添加 VR_BUTTON 组件引用以使用

在 5.2 节，我们了解了 VR_Button 类如何为 VR_InteractiveItem 中的事件注册。为了使其工作，我们需要在 Inspector 中使用对 VR Interactive Item 组件的引用来填充 VR_Interactive-Item 变量。

在 Unity 中，从 Hierarchy 中选择 StartButton。在 Inspector 中单击 VR_InteractiveItem 组件并将其拖动到 VR_Button 组件上的 VR_Interactive Item 字段中。

VR_Button 类还需要设置进度条的值。要做到这一点，需要与 Slider 通信。在 Hierarchy 中，展开 StartButton 以使 Slider 可见。再在 Inspector 中重新选择 StartButton 以显示 VR_Button 组件，然后从 Hierarchy 中单击并拖动 Slider 游戏对象并拖放到 Inspector 中 VR_Button 组件的 Slider 字段中。

在 VR_Button 组件底部的 On Activate Event() 部分将指向在选择 / 按下按钮时触发其函数之一的脚本。在此不需要立即设置它，而是在赋予按钮行为后，将在本章后面设置 On Activate Event 订阅。

5.4　在按钮上添加文本标签以显示其作用

一个好的按钮进度条需要告诉使用者这个按钮是做什么的，我们将通过添加文本标签来完成此操作。

右键单击 Slider 游戏对象并选择 UI 下面的 Text。

默认大小和文本颜色意味着它将有点难以被看到。在默认情况下它相当小而且是深灰色的。在 Hierarchy 中，找到这个新的 Text 游戏对象并右键单击。选择 Rename 并将其重命名为 Label。

在 Inspector 中，找到 Text 组件（图 5-7）并将其字段更改为：

Text: PLAY GAME
Font Style: Normal
Font Size: 39
Line Spacing: 1
Rich Text: 勾选
Paragraph:
Alignment: 水平居中且垂直居中
Align by Geometry: 不勾选
Horizontal Overflow: Overflow
Vertical Overflow: Overflow
Best fit: 不勾选
Color: 选择一个醒目的颜色 (白色 ?) 以便识别！
Material: 不修改—保留为 None (Material) 即可
Raycast Target: 不勾选

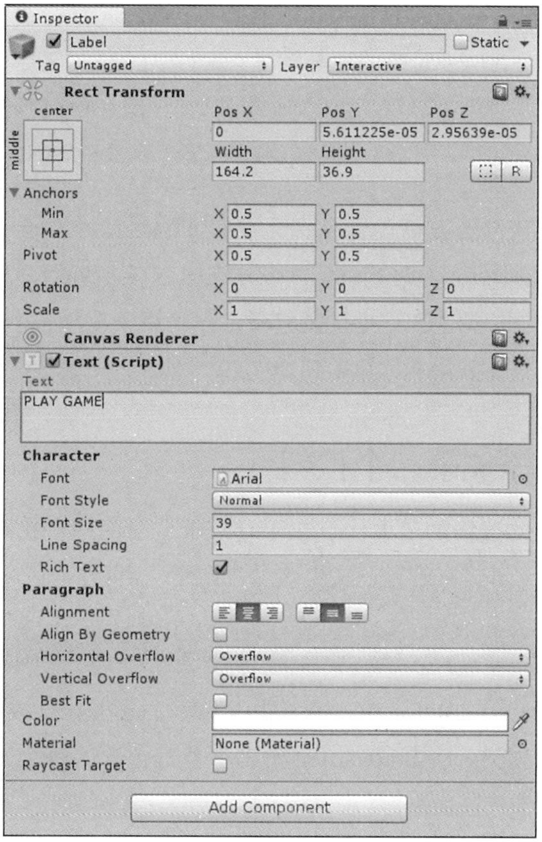

图 5-7　用于开始游戏按钮的文本组件

对按钮要做的最后一件事是把它移到一个好位置。从 Canvas 的默认中心点向上移动一点。

在 Inspector 的 Transform 组件中，将位置字段更改为：

X:0
Y: −38
Z:0

为什么 Y 位置是 −38？那是因为位置值是相对于游戏对象的枢轴点位置。之前我们将枢轴和位置固定到游戏对象的中心，意味着位置应该距离 Canvas 中心 −38 个单位。

关于上面 Text 组件设置的几个说明：

溢出设置是文本在到达或超过绘制边界时的影响方式。我习惯使用溢出设置，因为这意味着我可以使文本大小接近边界，而文本又不会跳到另一条线上或根本不被绘制。在每次使用的基础上尝试溢出设置，以获得你满意的效果。

Hierarchy 中游戏对象的位置会影响它如何被绘制到 Canvas。首先将绘制 Hierarchy 中的较高层，再往低层绘制。在这种情况下，Label 位于链的底部，在 Slider 下的其他子对象下方，因此它将被绘制在其他子对象的顶部。

5.5 测试按钮

现在，你的按钮应该已经正确设置了。文本应该绘制在进度条之上。为了对其进行测试，在继续之前单击 Hierarchy 中的 Slider 以将其选中。在 Inspector 中，查看 Slider 组件并找到 Value 滑块，在 0 ～ 1 之间由左到右移动它，看到进度条从空到满。如果是这种情况，我们可以继续并复制它来用作 Exit 按钮的模板。

5.6 菜单场景中添加第二个按钮

我们在本章中创建的按钮的最大优点在于它易于重复使用。我们把它放在一起，以便灵活使用，因为它只需要对文本进行一次更改即可创建一个新按钮。

5.6.1 复制按钮

单击 Hierarchy 中的 StartButton。右键单击并选择 Duplicate（或按下键盘上的 Ctrl+D）以复制游戏对象。这将创建一个 StartButton 的副本及其包含的每个子对象，将此新游戏对象重命名为 ExitButton。

5.6.2 更改文本标签

展开新的 ExitButton 游戏对象以显示其子对象 Slider，同时展开 Slider，可以看到它的 Label。单击 Label，并在 Inspector 中找到 Text 字段并将文本更改为 EXIT。

这取决于你如何处理下一部分，你需要在 Canvas 中向下移动按钮，使其不再与 StartButton 在同一位置绘制。也可以通过 Scene 窗口执行此操作，或者在 Inspector 中的 Transform 组件的 Y Position 字段中输入 –95。

5.7 添加按钮的行为

随着按钮的就绪，现在需要使按钮在它们的进度条达到 100% 时执行某些操作。为此我们将添加一个 Empty 游戏对象并在其上放置一个脚本。按钮将被告知他们的调用函数。

5.7.1 添加 Main Menu Controller 游戏对象到场景中

在 Hierarchy 的顶部，单击 Create 按钮并选择 Empty。

重命名游戏对象为 MainMenuController。

5.7.2　编写主菜单脚本

新的 MainMenuController 游戏对象需要添加一个 C# 脚本组件。在 Inspector 中单击 Add Component 按钮，选择 Add Component 下面的 New Script，确保脚本类型为 C# 并命名为 MainMenuController。

按钮将作为独立系统自行处理，没有任何行为代码直接附加在它们上。当完全激活按钮并且进度条达到 100% 时，按钮会调用 MainMenuController。

以下是完整的 MainMenuController.cs 脚本：

```
using UnityEngine;
using System.Collections;
using UnityEngine.SceneManagement;
public class MainMenuController : MonoBehaviour {
        public void LoadGame()
    {
        SceneManager.LoadScene("interactiveDoor",
LoadSceneMode.Single);
    }
        public void ExitGame()
    {
        Application.Quit();
    }
}
```

脚本分解

脚本首先引用需要通信的命名空间：

```
using UnityEngine;
using System.Collections;

using UnityEngine.SceneManagement;
```

这里添加的命名空间是 UnityEngine.SceneManagement，它是 Unity 引擎的一部分。可用于管理场景的加载和操作，菜单将使用 SceneManager 加载主游戏场景，SceneManager 是 UnityEngine.SceneManagement 的一部分。

脚本的下一部分是类声明和按钮函数：

```
public class MainMenuController : MonoBehaviour {

    public void LoadGame()
    {
        SceneManager.LoadScene("main", LoadSceneMode.
Single);
    }
```

LoadGame() 是由 Play Game 按钮调用来启动游戏的函数。它使用 SceneManager.Load-

Scene 加载主场景，其中 LoadScene 有两个参数，场景名称后跟一个参数告诉 Unity 如何加载场景。

使用 LoadScene 函数时，可以告诉 Unity 如何使用 LoadSceneMode.Single 或 LoadScene-Mode.Additive 作为第二个参数来加载场景。Unity 可以通过两种方式加载场景，一次加载一个场景或者将多个场景加载到内存中并组合它们。在上面的代码中，我们使用 LoadScene-Mode.Single 加载一个场景。

```
public void ExitGame()
{
    Application.Quit();
}
}
```

Unity 提供 ExitGame() 函数调用 Application.Quit() 来关闭游戏。如果游戏作为独立的可执行文件运行，它将关闭文件并返回到 Windows，另一方面，编辑器中的 Application.Quit() 将不执行任何操作。

随着脚本的完成，最后一部分是让这些新函数与按钮通信。

5.7.3 事件函数添加到菜单按钮

为了能使按钮工作，这里有一个非常炫酷的界面，用于告诉它如何使用 UnityEvents 系统（图 5-8）。在 Inspector 中 VR_Button 组件的右下角，可以看到加号和减号图标。这些按钮将为此事件添加或删除事件监视器，但我们只需要为此按钮设置一个事件。在 On Activate Event() 文本下面有一个 Runtime Only 的下拉列表，用于指出此按钮该何时起作用。可以在编辑器中使用它，也可以在游戏运行时使用它，这对于与常规按钮一起使用时的测试很有用。

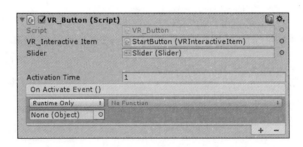

图 5-8　Inspector 中的 UnityEvents 界面

除非我们运行游戏，否则我们的 VR 按钮将无法工作，因为它依赖于头戴式显示器（仅在运行时启用）。

在该下拉列表下面是一个读取 None(Object) 的字段，所以我们可以提供激活按钮时需要调用的任何函数的脚本。

单击 Hierarchy 中的 MainMenuController 并将其拖动到 VR_Button 组件的字段中。注意，组件右侧的另一个下拉按钮不再显示为灰色。说明里面没有函数。

新提供的下拉列表允许从先前提供的脚本对象中选择要调用的函数，单击下拉列表以查看可用选项（图 5-9）。

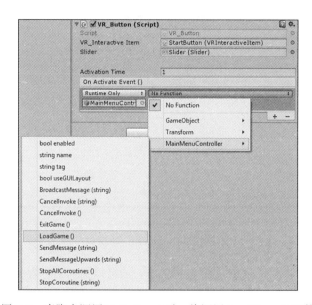

图 5-9 当脚本调用 UnityEvent 时，将调用 LoadGame() 函数

从函数下拉列表中选择 MainMenuController 下面的 LoadGame。

这告诉按钮脚本运行你在上一节中编写的 LoadGame 函数来制作 MainMenuController.cs。

这就是使 StartButton 工作的全部内容。

就像为 StartButton 做的那样，单击在 Hierarchy 中的 Exit 按钮，设置 MainMenuController 以用于其行为。在 Exit 按钮的下拉列表中选择 MainMenuController 下面的 ExitGame。

5.8 添加场景设置

当选择 Play Game 按钮时，菜单使用 SceneManager 加载不同的场景。Unity 的构建系统在默认情况下不包括所有场景，所以你需要告诉 Unity 该包含哪些场景。

打开 Unity 编辑器左上角的 File 菜单，然后选择 File 下面的 Build Settings。

Build Setting 窗口（图 5-10）允许在 Scenes In Build 部分添加场景。

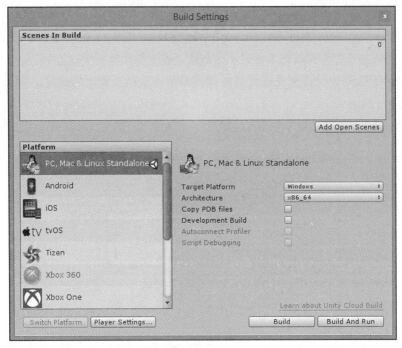

图 5-10 Build Settings 窗口

在 Project 窗口中找到 Scenes 文件夹并单击它，可以看到它包含的两个场景（图 5-11）。将 mainMenu 场景从项目浏览器拖出，然后将其拖放到 Build Settings 窗口的 Scenes In Build 部分。然后对 interactiveDoor 场景执行相同操作。

这两个场景现在位于 Build Setting 窗口的 Scenes In Build 区域中，这样 Unity 在运行时就包含它们。

5.9 测试菜单

带上头戴式显示器并点击 Play 以调试场景。这时菜单应该出现在眼前，如果你左右旋转，它会随之移动。查看 Play Game 按钮并等待进度条填充，填充时间需要花费一秒钟，然后花园层即会出现。

图 5-11 项目中有两个场景，它们必须添加到 Build Settings 以创建工作

5.10 保存工作

现在到了这个项目的最后保存工作。Ctrl+S 是 Unity 中保存工作的快捷键，但你还应确

保场景保存完毕。单击菜单 File 下面的 Save Scene。

在文件资源管理器窗口中，单击 Scenes 文件夹并将场景命名为 interactiveDoor。

VR 用户界面设计技巧

保持简洁。文本应该非常容易阅读，或者用户能够尽可能地阅读它。VR 头戴式显示器具有多种分辨率和性能，其中一些可能相对其他头戴式显示器来说阅读较小的文本较为困难。小文本也许看起来很棒，但由于不同的技术质量，你需要迎合不同视觉能力的人。请确保所有文本都足够清晰，并且使用的文本颜色是合理的。如果有疑问，请将其字体加大、加粗。丑陋比无法使用更好（设计师可能也会对此感到棘手，但是经验是王道！）。

专业设计师将使用特定范围的颜色来加强界面的主题。设计师选择的颜色会影响氛围、主题和可用性。如果你不是专业设计师，可以使用对比色，并尝试确保背景和前景之间存在明显的视觉差异。可以考虑查看色彩实验室网站（http://colorlab.wickline.org/colorblind/colorlab/）以选择颜色，并查看它们在各种前景 / 背景组合是怎样的。色彩实验室网站还允许查看针对色盲用户可使用的搭配，如果你的模拟将公开则需要考虑这些。

最后，VR 中的菜单屏幕有助于确保用户在其启动到完整体验之前已准备就绪。如果没有菜单，那你至少应该在开始任何类型的模拟或游戏之前提供"按下按钮开始游戏"按钮。曾经有过一些开始系统菜单在 VR 以外的体验，比如使用基于鼠标的界面，然后期望用户在体验加载时快速切换到 VR。但不建议采用这种方法。这不仅在环境程序一致性和流量方面非常混乱，而且还可能导致不正确的对齐，因为用户可能难以在 VR 场景加载之前启动头戴式显示器并执行其初始化和对齐例程。请给使用者做好程序运行的准备。

使用 Word Space Canvas 意味着可以轻松地将画布附加到虚拟世界中的 3D 对象上。这意味着可以将菜单作为环境的一部分，可以在虚拟屏幕上显示或投影到墙上。如果你使用的是 Vive 控制器等运动控制器，则可以使用 Word Space Canvas 在控制器周围或之上添加指令。当使用者向下看控制器时，指令将出现。World Space Canvas 的另一个用途是用于菜单。当它们以控制器为父级时菜单能良好运行。例如，你可以将菜单附加到右手控制器并让用户使用左手控制器来选择项目。它不仅只有看起来好，同样的它可以帮助解决可读性问题，让用户可以亲自选择菜单与眼睛的距离。

5.11　本章小结

在本章中，我们制作了适合用户界面的 Canvas 并使用 VR Samples 中的 UI Movement 组件追踪使用者的头戴式显示器旋转。我们通过重新利用 UI 系统的 Slider 并向其添加自定义 VR_Button 脚本组件来构建适合 VR 的按钮。通过制作 VR_Button 脚本，我们了解了如何使用 VRInteractiveItem 构建 Unity 交互框架来处理注视。使用 VR_Button 所使用的内容，可以继续创建自己的行为和 VR 就绪的用户界面模块。

本章还讲解了 UnityEvents 以及它们如何用于创建灵活的脚本，该脚本可以重复用于菜单场景中以提供多个单个按钮。通过复制主按钮游戏对象并更改其标签和行为，现在可以轻松地创建一个完全成熟的游戏菜单系统。

最后，我们将正确的场景添加到 Build Settings 中，以便可以使用 SceneManager 类在场景之间切换。

在第 6 章中，当使用 VREyeCaster 来确定使用者注视的位置，并在虚拟世界中传送以及在 VR 中正确地进行探索时，你将再次看到框架的运行情况。

使用 SteamVR 传送系统在虚拟世界中移动

SteamVR 包含虚拟传送的脚本，该脚本允许用户将控制器指向他们想要传送到的位置，按下按钮就可以传送到那里。SteamVR_Teleporter.cs 脚本是被设计用于与 HTC Vive 控制器配合使用的，但也可以将其修改为单独工作。在本章中，我们将以一种全新的方式使用传送器代码。通过一些修改，传送器代码将与用户的注视结合鼠标或标准游戏控制器按钮来使用。

SteamVR_Teleporter 脚本使用 Unity 的光线投射系统进行投射，从它附着的游戏对象的 Transform 组件发出射线，把射线和碰撞器的交点作为移动到的目标位置。例如，如果脚本附加到运动控制器（例如 HTC Vive 控制器），它将沿控制器的前向向量发出射线。这样，控制器指向的任何地方都是目标传送点。

如果我们将 SteamVR_Teleporter 脚本作为组件添加到头戴式显示器的相机上，它将使用相机的前向向量。我们唯一需要做的就是编写一小段代码来告诉它什么时候传送。注意，如果你使用任何其他类型的运动控制器，当按下控制器上的按钮时也可以使用此代码告诉 SteamVR_Teleporter 脚本。

如果使用的是 HTC Vive 控制器，就需要用第 9 章中介绍的传送方法，而不是本章中构建的方法。在第 9 章中，我们建立的远程传送系统是使用控制器进行瞄准的，而在这里是利用用户的注视来进行瞄准。

6.1　设置传送场景

打开 Unity，选择本章的示例项目，在 Scenes 文件夹中找到名为 teleporting 的场景，并双击将其打开。

6.1.1 为传送地面位置创建碰撞器

当传送器脚本确定要传送到哪里时，它会发出一条看不见的射线，当射线与碰撞器相交时，它会发送有关相交点的信息（例如接触点和碰撞对象等）。光线投射系统寻找的是附加在我们想要与之交互的对象上的碰撞器，对象如第 5 章的门模型，以及本例中允许使用者传送到的地面区域。

相信你很快会了解到我坚持在 Hierarchy 中保持整齐有序。为了做到这点，首先生成一个空的游戏对象作为碰撞器的父对象。我喜欢创建空游戏对象来保持结构简洁（图 6-1）。

图 6-1　传送安全区域的碰撞器

右键单击 Hierarchy 面板的空白区域选择 Create Empty，添加一个空的游戏对象。将对象重命名为 Collisions。

右键单击刚刚创建的 Collisions 游戏对象，选择 Create Empty，将第二个空游戏对象添加为 Collisions 的子对象，并将其命名为 GroundTeleportColliders，这是要放置地面碰撞器的地方。这种结构分层方法可以更轻松快速地找到我们需要的内容，以及快速配置对象组。比如，当我们因某种原因需要禁用一组对象的时候，我们只需禁用主父对象，同时它的所有子对象也就被禁止。

Collider 是一个组件，它需要附加在一个游戏对象上。这里创建一个新的游戏对象，并为其添加 Collider 组件，或者选择快速地创建已附加 Collider 组件的 Cube 对象，使用 Cube 对象也意味着我们可以非常清楚地知道碰撞发生的位置。通常，在编辑器可以看到 Collider

用线框表示，如果我们使用立方体，因为是实体，则放置会更容易。

右键单击 Hierarchy 中的 GroundTeleportColliders 对象，然后选择 3D Object 下面的 Cube。将新建的 Cube 对象重命名为 GroundCube。

我们还需要三个碰撞器，但你不必一遍又一遍地重复上述操作，你可以选中你最后创建的 GroundCube 对象，并按下键盘上的 Ctrl+D 来复制它。新的 GroundCube 对象将出现在 Hierarchy 中，后面会有一个编号。

使用 Ctrl+D 将 GroundCube 对象再复制两次。现在你有四个设置了碰撞器的立方体对象，它们排列整齐，作为 GroundTeleportColliders 对象的子对象。

如果你熟悉 Unity 编辑器，你可能已经了解了 Scene Gizmo，Scene Gizmo 位于场景视图的右上角，允许你切换视角和切换投影模式，这里将使用 Scene Gizmo（图 6-2）来更改视图。

正交投影模式提供了一个没有透视的视图，该模式下可以精确地使对象对齐。对花园场景使用顶部正交视图将更容易放置地面立方体。通过单击 Scene Gizmo 中心的灰色立方体，可以在透视图和正交视图之间切换。通过单击标有 y 的绿色箭头移动到俯视图，该绿色箭头表示 y 轴。

图 6-2　Scene Gizmo 位于场景视图的右上角（允许选择预设视图并在透视图或正交视图之间切换）

下一步如何做取决于你，可以选择每个 GroundCube 游戏对象并在 Inspector 的 Transform 属性中输入以下坐标，或者使用 Scene View 将它们拖放到适当位置，以便放置对象，如图 6-3 所示。

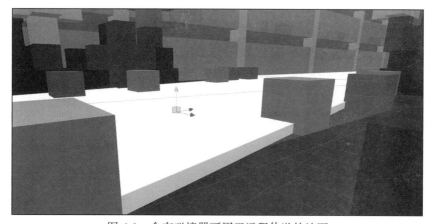

图 6-3　含有碰撞器可用于远程传送的地面

如果要使用我的坐标，请依次选择每个游戏对象并在 Inspector 中输入以下内容：

GroundCube:
Position:
  X:3
  Y: 10.2
  Z:37.5
Rotation:
(保留为 0,0,0)
Scale:
  X:19
  Y:1.4
  Z:13
GroundCube(1):
Position:
  X:−1.8
  Y:10.2
  Z:17.5
Rotation:
(保留为 0,0,0)
Scale:
  X:8.85
  Y:1
  Z:38
GroundCube(2)
Position:
  X:2.7
  Y:10.2
  Z:−10.7
Rotation
  X:0
  Y:−10.5
  Z:0
Scale:
  X:9
  Y:1
  Z:30
GroundCube(3)
Position:
  X:2.6
  Y:10.2
  Z:−28.6
Rotation:
(保留为 0,0,0)
Scale:
  X:19
  Y:1.4
  Z:14

    确保碰撞器线框的顶部接近或略高于环境中的地平面是很重要的（图 6-4），如果它们离地面太远，则用于检测使用者传送到何处的投射光线将从立方体内部开始，或者在我们不想要的地方与立方体交互。如果使用我的坐标，它们应该会在正确的位置，但如果你选择缩放碰撞器线框，那么只需确保你的 GroundCube 对象如图 6-4 所示。

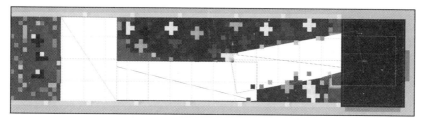

图 6-4　用于远距传送的碰撞器顶部与花园场景中的地平面相匹配

图层是处理对象以及它们在项目中相互碰撞的好方法，你可以决定哪些层与哪些层发生碰撞来自定义碰撞系统。对于传送区域，我们使用名为 TeleportSafe 的图层。

6.1.2　设置图层

单击 GroundTeleportColliders 游戏对象，在 Inspector 面板中查看其属性，Inspector 面板的右上角有 Layers 下拉按钮，单击按钮以显示图层下拉菜单。

在菜单中，你可以选择要用于此游戏对象的图层，但我们还没为远程传送碰撞添加图层，因此单击菜单底部的添加图层按钮。

只要你使用 SteamVR 系统，就不要使用图层 8。事实证明，SteamVR 使用图层 8 作为自己的信息，为避免混淆，我们可以用一个文本描述以便提醒我们不要使用它，如图 6-5 所示。

单击图层 8 的旁边位置，输入 SteamMessages。

接下来，添加可用于传送区域的图层——单击图层 9 并命名为 TeleportSafe。

以上就是我们为场景设置碰撞器做的准备工作。

6.1.3　设置摄像机装置并添加组件

如果需要，可与从 Unity 资源商店下载并导入 SteamVR 资源包，如 3.4 节所示。

在项目浏览器中，找到 SteamVR 下面的 Prefabs，将 [CameraRig] 预设体拖出该文件夹并放入 Hierarchy 面板，以便将其添加到场景中。

用于头戴式显示器的 SteamVR 摄像机在主 [Ca-meraRig] 游戏对象下几个级别，展开 Hierarchy 面板中的 [CameraRig]，找到 Camera(eye) 对

图 6-5　标签和图层界面

象，也可以在 Hierarchy 面板顶部的搜索框中输入 Camera(eye) 来找到它。

在 Hierarchy 面板中找到 Camera(eye) 后，单击 Camera(eye) 以在 Inspector 面板中显示其属性，在 Inspector 面板中单击添加组件按钮，选择 Scripts 下面的 Steam VR Teleporter。

接下来，我们需要提供一个 VR_Input 组件，这样脚本就可以使用它来查找用户何时提供输入。

在 Inspector 面板中单击 Add Component 下面的 Scripts 下面 VRStandardAssets.Utils 中的 VR Input，添加完的 VR_Input 组件无须进一步设置，保持默认设置即可。

再次单击添加组件按钮，选择 New Script，新建一个脚本，在重命名框中输入名称 ControllerTeleporterInputProvider，确保语言下拉列表为 C#，将新脚本添加为组件后，双击脚本名称以打开脚本编辑器。

6.2 编写 C# 脚本输入到传送器

在 Hierarchy 面板中，单击 Main Camera 游戏对象，在 Inspector 面板中显示其属性。单击添加组件按钮，在菜单的底部选择 New Script（你可能需要向下滚动才能找到它）。

选择 New Script 后，Unity 会要求你设置脚本的一些参数，如下：

名称——命名为 ControllerTeleporterInputProvider。

语言——选择 C#。

单击 Create and Add 创建新脚本。

一旦新的脚本组件出现在 Inspector 面板中，就表明附加到游戏对象上了，双击该脚本就可以在脚本编辑器中打开它。

以下完整的 ControllerTeleporterInputProvider.cs 脚本：

```
using UnityEngine;
using System.Collections;
using VRStandardAssets.Utils;

// here we fake the Vive controller output when its button is
clicked. That way, we can
// tap into the SteamVR teleport code without too much modification.
This should help with
// keeping the code backward compatible when, in the future, the
SteamVR libraries are updated

public class ControllerTeleporterInputProvider : MonoBehaviour {

    public VRInput VR_Input;
    public SteamVR_Teleporter theTeleporterComponent;

    private ClickedEventArgs theArgs;
```

```
    private bool isTeleporting;
    public float totalTeleportTime = 1;

    void Start () {
        // grab a reference to the SteamVR teleporter Component
        if (theTeleporterComponent==null)
        {
            if(GetComponent<SteamVR_Teleporter>())
            {
                theTeleporterComponent = GetComponent
<SteamVR_Teleporter>();
            }
        }
    }

    void OnClick()
    {
        // make sure that we are not already teleporting
        if (isTeleporting)
            return;

        // call the function to handle the actual fade
        OnTriggerClicked();
    }

    // this function will call the teleporter and pretend to be a
controller click
    public virtual void OnTriggerClicked()
    {
        // start a nice fullscreen / full headset fade out effect
        SteamVR_Fade.Start(Color.black, totalTeleportTime /2);

        // we set isTeleporting so that the teleporter is locked
during the fade out
        isTeleporting = true;

        // the actual teleport will happen in 0.5 seconds, at the same
time the fade out reaches full darkness
        Invoke("DoTeleport", totalTeleportTime /2);
    }

    void DoTeleport()
    {
        // start a nice fade in effect
        SteamVR_Fade.Start(Color.clear, totalTeleportTime /2);
        // done with the teleport, so we can allow the user to
teleport again now if they want
        isTeleporting = false;

        // tell SteamVR to take care of the actual teleport move
now
        theTeleporterComponent.DoClick(this, theArgs);
    }

    private void OnEnable()
```

```
    private void OnEnable()
    {
        // when this script is first enabled in the scene,
        // subscribe to events from vrInput
        VR_Input.OnClick += OnClick;
    }
    private void OnDisable()
    {
        // unsubscribe from events from vrInput
        VR_Input.OnClick -= OnClick;
    }
}
```

脚本分解

ControllerTeleporterInputProvider.cs 脚本以普通的命名空间（Unity 为所有 C# 脚本添加的默认命名空间）开始，VR_Input 类是 VRStandardAssets 代码的一部分，我还添加了 VRStandardAssets.Utils，以便我们可以在变量声明中使用 VR_Input 作为对象类型。如果我们在这里没有引用命名空间，使用 VR_Input 作为变量类型会引发错误，因为它将不可用。

```
using UnityEngine;
using System.Collections;
using VRStandardAssets.Utils;
```

在这之后要进行变量申明，其中此脚本需要五个变量：

```
public class ControllerTeleporterInputProvider : MonoBehaviour {

    public VRInput VR_Input;
    public SteamVR_Teleporter theTeleporterComponent;
    public event ClickedEventHandler TriggerClicked;
    private ClickedEventArgs theArgs;
    private bool isTeleporting;
    public float totalTeleportTime = 1f;
```

VR_Input 将保持对 VRInput 脚本的引用，该脚本将追踪使用者何时按下控制器上的按钮。theTeleporterComponent 保持对 SteamVR_Teleporter 脚本的引用，该脚本是 SteamVR 库的一部分，用于处理实际的传送。TriggerClicked 将在本章的下一部分出现（修改 SteamVR_Teleporter.cs 脚本时）。TriggerClicked 是 SteamVR_Teleporter 将订阅的事件。当此脚本检测到来自 VRInput 脚本的输入时，将触发该事件并且 SteamVR_Teleporter 将接收它并对其进行操作（我们将在下一节修改 SteamVR_Teleporter 来订阅它）。

当然这个脚本需要引用上一节见过的 VREyeRaycaster 脚本，VREyeRaycaster 将告诉我们使用者的注视情况，然后该信息将被传递给传送器。

当检测到输入时，theArgs 用作临时存储器以获取有关点击的信息。当传送器与 Vive 控制器一起使用时，ClickedEventArgs 用于传递有关控制器状态的信息，但是在这里我们伪造状态并将其传递给传送器，就好像是来自控制器一样。

当我们开始传送时，变量 isTeleporting 将用于追踪传送是否正在进行。上面的最后一个变量是 totalTeleportTime，该变量用于计算从开始到结束整个传送过程的时间。

接下来，当游戏引擎进行第一次帧更新时，Start 函数运行，初始化代码如下：

```
void Start () {
    // grab a reference to the SteamVR teleporter Component
    if (theTeleporterComponent==null)
    {
```

上面的代码首先查看在 theTeleporterComponent 变量中是否已设置引用。这真的非常方便，因为可以通过 Inspector 来设置引用。如果传送器脚本（SteamVR_Teleporter）附加到单独的对象，则可以通过 Inspector 设置引用，但如果传送器脚本附加到与此对象相同的游戏对象，则脚本将在此处自动找到它：

```
    if(GetComponent<SteamVR_Teleporter>())
    {
        theTeleporterComponent = GetComponent<SteamVR_Teleporter>();
    }
    }
}
```

GetComponent<SteamVR_Teleporter> 在此脚本附加的同一游戏对象上查找该组件。如果找到，GetComponent 的返回值将不为空，因此满足条件。在条件内，the TeleporterComponent 设置为 SteamVR_Teleporter 组件。

接下来是 OnClick 函数：

```
void OnClick()
{
    // make sure that we are not already teleporting
    if (isTeleporting)
        return;

    OnTriggerClicked();
}
```

上面的 OnClick() 函数将由 VRInput 组件中的输入事件触发。上述代码中，我们首先快速检查 isTeleporting 是否为真。注意，不需要明确判断 isTeleporting 是否为真，更快的办法是将变量放在括号内。Unity 将会假设只有当条件为真时才满足条件。

当 isTeleporting 为真，说明传送已经发生了。传送发生在一秒钟内，允许漂亮的淡入淡出效果使位置之间的过渡更平滑。所以，isTeleporting 在传送期间为真。因为我们只希望在任何时间都只发生单个传送，当满足 isTeleporting 条件时，调用 return 语句退出函数而不再运行其代码。

假设我们还没有准备传送，调用 OnTriggerClicked 函数，也就是下一个代码块：

```
public virtual void OnTriggerClicked()
    {
        // start a nice fullscreen / full headset fade out effect
        SteamVR_Fade.Start(Color.black, totalTeleportTime /2);

        // we set isTeleporting so that the teleporter is locked
during the fade out
        isTeleporting = true;

        // the actual teleport will happen in 0.5 seconds, at the
same time the fade out reaches full darkness
        Invoke("DoTeleport", totalTeleportTime /2);
    }
```

OnTriggerClicked 会启动传送。首先调用 SteamVR_Fade 以一个很好的效果开始，视图淡出为黑色。SteamVR_Fade.Start() 有两个参数：淡入的 Color 对象和持续时间（单位：秒）。Color 类作为 Unity 引擎的一部分，提供许多不同的颜色，如 Color.white、Color.red、Color.blue 等。在这个脚本中，我使用了一个名为 totalTeleportTime 的浮点变量，以便在项目中更改传送的时间。由于是总时间，所以淡出时间应该占它的一半，将它除以 2，在传送之后再次淡入将占用另一半。

淡入淡出已经开始时，下一个语句将 isTeleporting 设置为 true 以锁定新的传送尝试，直到完成此传送。

在上面的代码末尾，Invoke 命令用于调用实际的传送发生，时间作为第二个参数传递，再次使用 totalTeleportTime 变量计时并除以 2。在这个阶段，将要发生的是一个很好的淡出效果，我们想要做的是让淡出效果占用传送时间的一半，然后传送接着淡入。在新位置，占用允许的传送时间的后半部分，随着淡出开始屏幕变为全黑时，对 DoTeleport() 的预定调用立即启动，传送跳跃和位置变化由 Steam_VR 代码处理，但 DoTeleport() 函数将通过淡入告诉 SteamVR 来处理传送的后半部分。

DoTeleport() 是下一个类：

```
void DoTeleport()
    {
        // start a nice fade in effect
        SteamVR_Fade.Start(Color.clear, totalTeleportTime /2);

        // done with the teleport, so we can allow the user to
teleport again now if they want
        isTeleporting = false;

        // tell SteamVR to take care of the actual teleport move now
        theTeleporterComponent.DoClick(this, theArgs);
    }
```

上述代码对 SteamVR_Fade 类的调用启用淡入效果，我们传入的 Color 对象是 Color.

clear，用于从视图中完全删除淡入淡出，时间是 totalTeleportTime/2，这意味着淡入效果将是传送的总时间的一半。

当我们淡入时，继续将 isTeleporting 重置为 false，在下一行中执行此操作，以便允许另一个传送，如果用户继续传送即从此处开始。

若要将传送器系统的代码输入改写成来自 SteamVR 的控制器（例如 HTC Vive 控制器）。必须传入一些来自控制器的参数，当你使用 Vive 时，每个控制器都有一个唯一的 ID 号，Steam_VR 传送器代码希望在被传送到远程端口时将这些信息传递给它，传送器所需的参数作为 ClickedEventArgs 对象传入，该对象是 Steam_VR 代码库中的一个类。

实际上并没有在 theArgs 变量中添加任何内容，而且也不是必需的，我们只需传入一个 ClickedEventArgs 对象，并将其所有变量设置为默认值，就足以实现传送。

OnTriggerClicked 获取 theArgs 并通过调用 DoClick() 函数将其传递给 SteamVR_Teleport 脚本。如果你想要编译它，你可能会看到此行突出显示或出现错误，但这没关系，在我们完成这个脚本之后，只需修改 SteamVR_Teleporter 代码以使这个函数成为公共的。目前，无法从此脚本访问 SteamVR_Teleporter 的 DoClick() 函数，我们将在第 6.3 节解决这个问题。

ControllerTeleporterInputProvider 类中的最后两个函数处理订阅所需事件：

```
private void OnEnable()
{
    // when this script is first enabled in the scene,
    // subscribe to events from vrInput
    VR_Input.OnClick += OnClick;
}

private void OnDisable()
{
    // unsubscribe from events from vrInput
    VR_Input.OnClick -= OnClick;
}
}
```

我们在第 5 章介绍了如何订阅事件，在本章研究了在 VRInteractiveItem 类订阅 OnOver 和 OnOut 事件，在这里，我们需要绕过所有内容直接进入输入系统，以找出按钮何时被按下。为此，我们在 VR_Input 变量中引用 VR_Input 组件，要跟踪点击，需订阅的事件是 OnClick。这适用于 VR_Input 跟踪的任何输入设备，它们链接到 Unity 的输入系统，以便你可以通过 Unity 编辑器的输入设置对其进行自定义。

当调用 OnEnable() 时，我们订阅 OnClick，在 OnDisable() 中我们再次取消订阅。

保存脚本，返回编辑器。

6.3 修改 SteamVR 传送器代码

对 SteamVR 传送器类进行两项修改：第一个是将其中一个函数更改为公共的，以便我们可以通过在 6.2 节创建的脚本来访问它；第二个是使光线投射与指定的碰撞层一起工作，而不是当前方法将每个光线投射计为传送位置。你可能还记得，当我们为传送安全区域设置碰撞器时，我们使用"TeleportSafe"层作为碰撞对象。

在 SteamVR 下面的 Extras 中的 SteamVR_Teleporter 下的项目中查找并打开 SteamVR 文件，双击 SteamVR_Teleporter 在脚本编辑器中将其打开。

6.3.1 将 DoClick() 更改为公共函数

在脚本编辑器中，向下滚动代码以查找到：

```
void DoClick(object sender, ClickedEventArgs e)
```

在它前面添加 public：

```
public void DoClick(object sender, ClickedEventArgs e)
```

6.3.2 修改 SteamVR 传送器以使用 LayerMask

LayerMask 是一个或多个图层的列表，可以使用它们来限制光线投射，在 Inspector 中，LayerMask 显示为图层的弹出菜单，LayerMask 中的图层将显示在下拉菜单中，可以打开和关闭。你可以轻松地从中选择一个、多个或所有图层。

在这里，我们将限制在 SteamVR_Teleporter 脚本的光线投射中注册的图层。在 SteamVR_Teleporter 脚本的顶部找到 Start() 函数，在它上面添加这一行：

```
public LayerMask teleportSafeLayer;
```

接下来，修改光线投射的语句来包含这个新的 LayerMask。

在 DoClick() 函数中，找到下行：

```
hasGroundTarget = Physics.Raycast(ray, out hitInfo);
```

并将其更改为：

```
hasGroundTarget = Physics.Raycast(ray, out hitInfo,
teleportSafeLayer);
```

按下 Ctrl+S 组合键保存脚本，并返回 Unity 编辑器。

6.4 设置摄像机游戏对象上的组件

在 Unity 中，单击 Hierarchy 中的 Camera（eye）游戏对象，然后在 Inspector 中找到 SteamVR_Teleporter 组件，可以看到 6.3 节添加的新 Teleport Safe Layer 下拉菜单。

在 SteamVRTeleporter 组件选中 Teleport On Click 框，在 Teleport Type 下拉菜单中（图 6-6），选择 Teleport Type Use Zero Y。下面是解释。

当你传送时，传送器代码使用 Vector 坐标：传送到世界 X、Y 和 Z 点的位置。Teleport Type 下拉列表中有三个选项，每个选项都会使传送器以不同的方式操作，涉及在传送期间如何处理使用者的 Y（垂直）位置。选择有：

1. 地形传送（Teleport Type Use Terrain）

此设置使 SteamVR_Teleporter 脚本使用场景中当前活动的地形，并在其光线投射时找到 X 和 Z 坐标处的地形高度。

2. 碰撞器传送（Teleport Type Use Collider）

此设置使用 SteamVR_Teleporter 脚本的光线投射找到的所有 X、Y 和 Z 坐标。光线与场景中的碰撞器相交的任何地方都形成传送到的位置。

3. XZ 平面传送（Teleport Type Use Zero Y）

将 Teleport Type 设置为 Y 为 0 时，假设 SteamVR 设置的地面水平是默认地面水平，也意味着将忽略光线投射交叉点的高度。用作传送位置的点将是光线投射命中的 X 和 Z 点，并沿着零高度的平面。

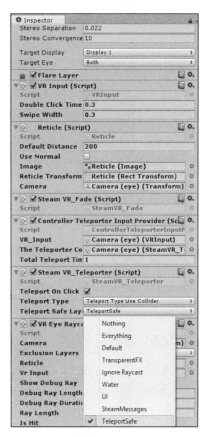

图 6-6　Inspector 中的 SteamVR Teleporter 组件

> 📷 **注意**　在此示例中，我们要使用 Teleport Type Use Zero Y 设置，但是无论出于何种原因，如果要尝试在此组件上使用 Teleport Type Use Collider，则无法执行任何操作。检查光线投射调用是否实际设置了 hasGroundTarget 变量，我在我使用的版本中发现了一个错误，丢失了此设置的 raycast 语句，导致它无法正常工作，如果遇到同样的问题，请打开 SteamVR_Teleport 脚本并查找条件：

```
else if (teleportType == TeleportType.TeleportTypeUseCollider)
```

在上述语句的括号内查找：

```
Physics.Raycast(ray, out hitInfo, teleportSafeLayer);
```

改变 / 确保：

```
hasGroundTarget = Physics.Raycast(ray, out hitInfo, teleportSafeLayer);
```

设置 ControllerTeleportInputProvider

需要在 ControllerTeleporterInputProvider 组件上设置引用，设置的两个引用是 VR_Input 和 the TeleporterComponent)。它们都可以在相机上找到，因此可以将组件向下拖放到字段中，使其如图 6-7 所示。

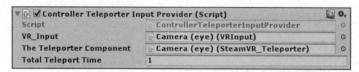

图 6-7　ControllerTeleporterInputProvider 组件及与之通信的其他组件引用设置

传送器已经准备好了！

保存文件（File 下面的 Save Project），带上 VR 头戴式显示器点击播放调试场景。

你应该能够看到花园小径上的一个点，单击鼠标以传送到它。当传送时，视图应淡出为黑色，移动到新位置，再次淡入场景。尝试单击场景的不同部分（例如房屋的墙壁），应该不能传送到除路径（"TeleportSafe"碰撞区域）之外的任何地方。

6.5　可选的附加功能

传送器工作良好，还可以通过添加第 5 章中的 Reticle 和 Eyecaster 来进一步改进传送器。Reticle 在视图的中心添加一个点，以便更容易定位到你将传送到的位置；Eyecaster 会发出射线并移动光标，使其靠近传送点所在的位置，再次让它更容易分辨目标点。

6.6　本章小结

这一章都是关于传送的，我们将场景设置为包含适合于光线投射碰撞器以找到传送目标点。我们修改了 SteamVR 传送器脚本，以便在确定安全位置时使用碰撞层，并制作全新的脚本来确定输入何时发生，连接来自 SteamVR 控制器的传送（修改代码以适配控制器），我们还添加了一个相当不错的淡化效果。你可以在项目的任何其他位置使用这种淡化技术，根据需要淡入或淡出。随时淡出只需将这行代码添加到你的代码中：

```
SteamVR_Fade.Start(Color.black, 1f);
```

若需淡入，可添加如下代码：

```
SteamVR_Fade.Start(Color.clear, 1f);
```

第 7 章将介绍如何利用注视在一个简单的迷你游戏中发射炮弹，在你的花园中抵御邪恶的飞虫。准备好开启下一章吧！

游戏中用头戴式显示器瞄准

在本书的这个阶段，我认为现在是来玩游戏的时候了。游戏将在你到目前为止所看到的花园场景中进行（图 7-1）。入侵的飞虫会飞向玩家，玩家的任务是向它们喷洒绿色的驱虫喷雾。驱虫喷雾会让它们飞走，保护玩家不被虫子蜇到。

图 7-1　本例被用于游戏的花园场景

诸如计分、游戏管理或飞虫行为代码等模块已经建立好并准备放入游戏中，但在本章中，我们还将添加 VR 支持、头戴式显示器和一些相关游戏项目，如可以发射抛射物的喷壶。该技术也可以用于其他类型的炮弹发射系统（彩弹或其他东西），因此它是工具箱中一个不错的小东西。

在深入研究之前，请查看图 7-2，了解本章中的脚本是如何在场景和 Hierarchy 面板中一起使用的。

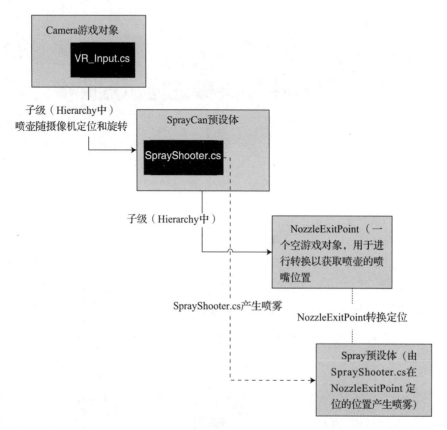

图 7-2　基于头戴式显示器的炮弹发射系统脚本以及它们之间的关联

7.1　摄像机附加炮弹发射系统

我们将使用摄像机作为瞄准设备。为了让它能工作，把炮弹发射设备作为子对象附加到摄像机。无论摄像机对准哪，炮弹发射系统（臭虫喷壶）都会朝向哪。将喷壶控接到 VR_Input 类，就能知道玩家何时按下控制器上的按钮。

打开本章的 Unity 项目，从项目浏览器的场景文件夹中打开以 Scene 命名的游戏。

在 Hierarchy 面板中查找 [CameraRig]。按住键盘上的 Alt 并单击 [CameraRig] 左侧的小箭头展开其层级视图，显示出里面所有的对象。

你可以看到：

```
[CameraRig]
   Controller (left)
   Controller (right)
   Camera (head)
      Camera (eye)
         VR_HUD
            Reticle
      StringEnterTrigger
      WaspSpawnCenterPoint
      WaspTarget
      Camera (ears)
```

在项目浏览器中找到 Prefabs 文件夹，单击文件夹以显示其内容，然后在其中找到 SprayCan 预设体，将其拖到 Hierarchy 面板的 Camera (eye) 下，让它成为 Camera (eye) 的子对象。

下一个步骤是添加一个脚本用来得知按钮是何时被按下的。

7.2　摄像机添加脚本用于获取玩家输入

单击 Hierarchy 面板中的 Camera (eye) 游戏对象，选中 Camera (eye) 后，单击 Inspector 面板中的添加组件按钮（你可能需要滚动鼠标滚轮才能看到添加组件按钮），在脚本菜单的底部，选择新脚本。

将脚本命名为 SprayInputProvider，并确保在单击创建并添加按钮之前，在语言下拉列表中选择了 C#。

右键单击新建的 SprayInputProvider 组件，然后选择编辑脚本。

7.2.1　编写 SprayInputProvider.cs 脚本

下面是完整的 SprayInputProvider 脚本：

```
using UnityEngine;
using System.Collections;
using VRStandardAssets.Utils;
public class SprayInputProvider : MonoBehaviour
{
    public VRInput VR_Input;
    public SprayShooter sprayCan;
    public event ClickedEventHandler TriggerClicked;
    public VREyeRaycaster eyecaster;

    private ClickedEventArgs theArgs;

    private void OnEnable()
    {
        // when this script is first enabled in the scene,
```

```
        // subscribe to events from vrInput
        VR_Input.OnClick += OnClick;
    }

    private void OnDisable()
    {
        // unsubscribe from events from vrInput
        VR_Input.OnClick -= OnClick;
    }

    void OnClick()
    {
        sprayCan.Fire();
    }
}
```

7.2.2 脚本分解

该脚本以 using 语句开头，告诉 Unity 将使用哪些软件包。唯一需要注意的是 VRStandard-Assets.Utils，你可能记得它在之前的章节中出现过。VRStandardAssets.Utils 代码包含 VR_Input—— 一个获取控制器输入的脚本。

```
using UnityEngine;
using System.Collections;
using VRStandardAssets.Utils;
```

由于这些类来自 MonoBehaviour，所以我们可以使用 OnEnable() 和 OnDisable() 等 Unity 函数。

```
public class SprayInputProvider : MonoBehaviour
{
    public VRInput VR_Input;
    public SprayShooter sprayCan;
    public event ClickedEventHandler TriggerClicked;
    public VREyeRaycaster eyecaster;

    private ClickedEventArgs theArgs;

    private void OnEnable()
    {
        // when this script is first enabled in the scene,
        // subscribe to events from vrInput
        VR_Input.OnClick += OnClick;
    }

    private void OnDisable()
    {
        // unsubscribe from events from vrInput
        VR_Input.OnClick -= OnClick;
    }
```

为了跟踪输入，此脚本订阅到 VR_Input 中的 OnClick 事件。当 OnClick 被触发时，OnClick() 函数将被调用。

```
void OnClick()
{
    sprayCan.Fire();
}
}
```

在上面的代码中，所有 OnClick() 函数要做的都是调用在 SprayCan 上的 Fire() 函数，这是对 SprayShooter.cs 实例的引用。SprayShooter 脚本被附加到喷壶模型上以实现喷射动作。

在 7.3 节，将把 SprayShooter.cs 脚本放在一起。

7.3　喷壶添加发射脚本

保证喷壶和接口之间逻辑分开，使输入和喷壶互不影响，以后若需要更换输入系统，这样做会更简单。例如，第 9 章使用相同的 SprayShooter.cs 脚本配合 HTC Vive 控制器，并从不同的脚本进行调用。用重复利用的方式来设计程序不仅是个智能化设计的好方法，而且还是一个用来设计面向未来的代码的好方法。当你重复使用代码而不是去重写它时，模块化脚本编写方法甚至可以为你节省时间。

7.3.1　编写 SprayShooter.cs 脚本

单击 Hierarchy 面板中的 SprayCan 游戏对象（它位于 Camera (eye) 下面），选中后，单击 Inspector 面板中的添加组件按钮，选择创建新脚本。

将脚本命名为 SprayShooter，并在语言下拉列表中选择 C#，然后点击创建并添加。

在 Inspector 面板中右键单击新建的 SprayCan 组件并选择编辑脚本，在脚本编辑器中打开它。

完整的脚本如下：

```
using UnityEngine;
using System.Collections;
public class SprayShooter : MonoBehaviour {

    public Transform nozzleExitPoint;
    public Transform projectilePrefab;

      void Start () {

      }

    public void Fire () {
       // we only want to fire when the game is in
its 'ingame' state
       if (SceneController.currentState ==
SceneController.GameState.InGame)
      {
          Instantiate(projectilePrefab,
```

```
nozzleExitPoint.position, nozzleExitPoint.rotation);
        }
    }
}
```

7.3.2 脚本分解

首先，告诉 Unity 我们即将使用 UnityEngine 和 System.Collections 这两个常用的软件包。该脚本来自 MonoBehaviour。

```
using UnityEngine;
using System.Collections;

public class SprayShooter : MonoBehaviour {

    public Transform nozzleExitPoint;
    public Transform projectilePrefab;
```

有两个需要在 Inspector 面板中设置的引用变量，nozzleExitPoint 是一个定位在我们希望喷雾出现的地方的转换，它定位在喷壶的喷嘴前部。

projectilePrefab 是将在喷嘴出口点产生喷雾的预设体。

```
    public void Fire () {
        // we only want to fire when the game is in
its 'ingame' state
        if (SceneController.currentState ==
SceneController.GameState.InGame)
        {
```

上面的 Fire() 函数是我们在 7.2 节创建的 SprayInputProvider 脚本中调用的函数。

在 Fire() 函数内部，我们第一次看到 SceneController。这是一个用于跟踪游戏状态并处理诸如开始游戏、显示消息、结束游戏等功能的脚本。在 SceneController 中，currentState 变量被设置为公共静态，如下所示：

```
    public static GameState currentState;
```

将变量声明为公共静态意味着只要包含其的脚本存在，它就可以在场景中的所有其他脚本中可见（并且可用）。

currentState 被设定为 GameState 类型，它是一个在 SceneController 中设定的计数器，用于存放游戏所在位置的信息。在 SceneController.cs 脚本中，计数器的设定如下所示：

```
    public enum GameState { Loaded, GetReady, InGame,
Paused, GameOver };
```

因此，我们在 SprayShooter.cs 中看到的 currentState 变量可以是 GameState.Loaded、GameState.GetReady、GameState.InGame、GameState.Paused 和 GameState.GameOver 中的任意一个。

为了确保玩家不会在"准备就绪"之前或在其他不适当的时间（例如游戏结束时）喷洒驱虫喷雾，我们会做一个快速检查，以确保 currentState 变量是 SceneController.GameState，即在游戏中。这意味着喷壶只有在游戏准备就绪，准备就绪信息提示完成，并且未暂停的情况下才能工作。

SprayShooter.cs 脚本的最后一部分：

```
Instantiate(projectilePrefab, nozzleExitPoint.
position, nozzleExitPoint.rotation);
    }
  }
}
```

在上面的代码中，我们在 nozzleExitPoint 转换的位置实例化了一个发射体。这是我们从喷壶中发射出发射体需要的所有代码，但是你需要切换回 Unity 编辑器来在 Inspector 面板中设置预设体引用。

7.4　在 Inspector 面板中设置组件

单击 Hierarchy 面板中的 Camera (eye) 游戏对象，在 Inspector 面板中，找到 Spray Input Provider 组件。此时 Spray Can 字段读取的是空（Spray Shooter），但我们需要让这个指示为 Spray Shooter 组件附加到 Spray Can。

在 Camera (eye) 被选中，Spray Can 字段在 Inspector 面板中仍然是可见的情况下，在 Hierarchy 面板中找到 Spray Can 并将其拖放到 Spray Can 字段。设置了这个引用后，Spray shooter 现在可以告诉 Spray Shooter 什么时候发射喷雾，但是我们现在必须告诉 Spray Shooter 它将要发射什么以及它应该从哪里发射。

找到 Spray Can 并点击 Hierarchy 面板中的小箭头将其展开。找到名为 NozzleExitPoint 的游戏对象，它位于 Spray Can 下面：

```
SprayCan
  CanBody
    CanLid
  CanNozzle
    NozzleExitPoint
```

单击 Spray Can 游戏对象并将 NozzleExitPoint 游戏对象拖放到 Inspector 面板中 Spray Shooter 脚本组件中的 NozzleExitPoint 字段。

在项目浏览器中，单击 Prefabs 文件夹。拖出 Spray 预设体，并放入 Inspector 面板中的 Projectile Prefab 字段。

7.5　运行游戏

戴上你的 VR 头戴式显示器，确保 SteamVR 处于运行状态（如果是 OSVR 服务器同理），然后点击 Play 按钮预览游戏。

喷壶可以随头戴式显示器移动。通过注视瞄准入侵的飞虫并按下游戏控制器上的按钮，或点击鼠标（确保鼠标在游戏视图上）来喷洒飞虫。尽可能让它们远离自己越久越好！

7.6　本章小结

这一章讲得比较直接，其中最大的部分是建立脚本和引用，以此来让喷壶发射喷雾。我们首先编写代码，以便从 VR_Input 类获取输入并将其传递给喷雾发射脚本。接下来在 SprayShooter.cs 脚本中，编写喷雾发射代码，然后我们设置正确的引用，以便组件可以互相"交谈"。

这个系统真的没有什么复杂的。本质上，我们将摄像机设为某个对象的父对象。附加到该对象的脚本可以在我们需要时将它们转化为游戏对象。虽然这个游戏很有趣，但它缺乏沉浸感。向更好的游戏体验迈进的一步是增加音频效果。在第 8 章中，我们的目标是让花园场景变得生动起来，并为飞虫增加声音效果，从而使它们活跃起来。

第 8 章 *Chapter 8*

利用音频充分实现虚拟现实

8.1 虚拟现实空间及其他

音频的工程和设计是一个深入而广泛的课题，很容易自成相应的书籍。本章的内容不是要让你成为一名音频制作专家。相反，本章内容更多的是设计 VR 音频的速成课程，主要研究音频如何影响玩家在场景中的焦点和情绪，而不是深入探讨声音设计的技术问题。

目前为止，头戴式显示器只能取代玩家的感觉，并通过虚拟世界引导他们进入一个奇妙世界，这可能是大多数当代 VR 模拟都采用头戴式显示器装置来体验的理由。以这种方式替换视觉和听觉感官需要它们相互补充。如果视频和音频不协同工作，虚拟世界所生成的场景就无法充分发挥作用。

许多工作室直到工程要结束前才做音频，或者甚至删减音频预算，造成音频设计在游戏和模拟设计中经常被忽视。这是一个令人惊讶的常见错误，因为音频设计可能决定着一个精彩项目与一个普通项目之间的差异。成也音频，败也音频。除了加强体验的主题，音频可以引导玩家，细微的口音可以影响情绪，音乐可以设置节奏并给游戏带来活力。如果你找得到优秀的音频制作者，态度要好点，并确保给他们足够的时间来完成他们的工作，不要急于求成！

8.2 常用术语

为了讨论本章中涉及的技术，有必要对你可能见过或没有见过的一些术语进行分类。

有些术语是针对游戏和模拟开发的，有些是特定于 Unity 的一些术语以及音频工程中使用的一些常用术语。

8.2.1 环境音效

环境音效是一种在背景中播放的音频，可以加强场景的主题。这就像室外场景充满鸟儿叽叽喳喳的声音，或者是飞船内部低沉的隆隆声一样简单。环境音频也可以是由多层真实或合成声音组成的动态的音频空间。

8.2.2 监听器

监听器组件通常附加到摄像机端或角色端，充当场景的耳朵。无论监听器组件从空间中的任何位置"听到"什么，都将通过计算机的声音硬件播放出来。标准的监听器组件有足够的体验感，但与人听到的并不吻合。可以将标准的 Unity 监听器想象成一个单一的耳朵，从 3D 空间中其所在的任何位置指向前方，声音则来自其位置周围的圆形半径范围内。另一方面，人的两个耳朵长在头部的两侧，使得位置跟踪对于人类来说更加精确和更容易区分。

8.2.3 双耳音频

双耳音频是用两个麦克风定位的方式以模仿人类的两只耳朵来录制音频的方法。一些双耳麦克风甚至做成耳朵形状，以便使监听器通过视觉在音频世界中进行空间定位。当录音师录制声音时，他们可以精确地看到监听器的位置，并调整要录制的对象的位置以获得所需的效果。这个系统对于电子游戏来说是比较新颖的，由于高质量的双耳记录设备价格高，且正确掌握它需要花费额外的时间和精力，因此游戏工作室目前很少采用这种音频记录方法。

8.2.4 单音声

Unity 将单声道音频称为单音声。mono 一词是 monophonic 的缩写，意思是来自单一传输通道的声音。一般来说，在 3D 场景之外播放时，单声道的声音听起来好像是直接从监听器前面传来的。当你在 3D 世界中使用单声道声音时，其音量、声像和效果等属性将根据其在 3D 世界中的位置进行调整。对于在 3D 世界中发出声音的对象（例如机器或门等），你可以使用单音声，这样在接近对象会影响它发出相应的声音。

8.2.5 3D 声

尽管有这个名称，Unity 中的 3D 声与摄像机、玩家和监听器在空间上并没有连接。3D 声可以在音频文件本身编码自己的 3D 空间。如果尝试在空间某个特定点播放 3D 声，唯一受空间位置影响的是音量。

8.2.6　多普勒效应

如果你听过救护车发出的警报声，你可能已经注意到声音的音高变化取决于它离你的距离有多远。这就是所谓的多普勒效应，它是由声波传播的方式引起的。Unity 的声音系统尝试复制这种效应，以便使声音在音频空间中更真实。

用环境音效设置场景

将音频想象为一系列层次。通常，你会听到许多不同的层次同时播放。例如，你沿着一条城市街道行走，你可能会听到汽车的声音、鸟儿的声音、人们的说话声、远处的喇叭声还有飞机经过的声音。你以前可能沿着这条街走了一百次，注意力可能集中在与其他人的对话上，但此时这些环境层次的声音就可以帮助你的大脑了解你所在的环境。这些环境声音很多都需要被人听到，有些层次的声音直到它们停止了才会被注意到。当少数声音层次消失，你才会注意到该场景出了问题。在 VR 体验中，我们周围的声音在给予我们大脑关于我们所处的世界的额外信息方面具有相似的效果。

环境音效通常采用在场景背景中运行循环声音的方式，以便为动作发生的地方添加一点音频效果。在花园场景里，周围的环境声音可能采取鸟鸣声或者微风的声音和割草机的声音。

8.3　音频源组件

在 Unity 中，声音从附加到游戏对象上的音频源组件发出。监听器通常附加在摄像机或一个头像上，接收声间接将其听到的内容发送给扬声器。随着声像、音量和音频效果的应用，3D 空间将是影响音频回放的重要因素。

当你使用音频源组件时，它有许多不同的属性，这些属性对引擎如何处理它将播放的声音有直接影响。音频源属性包括：

属性	功能
音频剪辑	Unity 将声音文件称为音频剪辑。音频剪辑是将在音频源播放的声音文件。
输出	声音可以通过音频监听器或音频混音器输出。我们将在本章中进一步介绍一下音频混音器。
静音	将声音设置为静音意味着你将无法听到它，即使它继续在播放。
旁路效果	旁路效果复选框提供了打开 / 关闭所有效果的简单方法。选中此项后，混响或任何滤镜效果等效果将不会应用于此音源。
旁路监听效果	监听器效果通常应用于场景中的所有声音，勾选此复选框会为此音频源切换开启 / 关闭接收器效果。
旁路混响区域	该复选框的作用是打开或关闭混响区域。你可以在场景中设置混响区域，使其中播放的声音具有混响效果。
在启动时播放	选中此框后，只要场景开始，音频源就会开始播放。否则，你需要手动播放此音频源。

（续）

属性	功能
循环	当循环框被选中时，从这个音源播放的声音将一遍又一遍地循环播放。
优先级	优先级设置决定了此音源播放的重要程度。（优先级：0= 最重要，256= 最不重要，默认 =128）。在同时使用很多声道时，具有较高优先级的音源将首先被切断。对于一直播放的音频，例如背景音乐或环境声，你应该使用更高的优先级。Unity 建议将 0 用于背景音乐，以便在很多声音同时播放时不会中断。
音量	音量决定音源播放的声音大小。也就是说，它听起来应该像是距监听器一个世界单位（一米）的距离。音量通常受到距离的影响，这意味着监听器距离音源越远，声音就会越小。
音调	你可以在这里改变音频播放的音调（速度）。音调默认值为 1，此时将以原始音调播放音频。
立体声声道	该值影响声音的左 / 右声道。在执行任何常规 3D 声像计算之前，此处设置的声像值将被使用。取值范围为 –1.0 ~ 1.0，其中 –1.0 为满左，0 为中，1.0 为满右。
空间混合	3D 引擎根据音频源和音频监听器之间的位置差异确定声音的音量和扬声器位置。空间混合决定着 3D 引擎对这个特定音源的影响程度。如果你想让一个 2D 音源在场景中随处出现，你可以将该滑块一直拖到左侧（0）。若一直向右拖动将导致音频来源成为完全 3D，就好像它是从 3D 空间发出的一样。
回音混合	设置发送到混响区域的输出信号量。在 Unity 中，这种设置"可以用来实现近场和远场声音的效果"。
多普勒级别	确定多大的多普勒效应将应用于通过此音频源播放的声音。有关多普勒效应的描述，请参阅第 8.2 节。
扩散	扩散值决定将有多少 3D 定位影响音源的声像。为明白这一点，你可以想象左右扬声器中的空间，然后将此值视为音频将使用多少空间。如果它被设置为零，声音将来自任何它在的地方。如果是零以上值，则意味着一部分额外空间将被该声音占用。 为零时，根据位置进行完全声像平移。在 180，则没有平移发生，但声音似乎是从左到右的整个过程。设置为 360 时可逆转平移效果，从而有效地交换左右位置的声像平移，以便左侧的人听起来声音像来自右侧。在大多数情况下，对于音效，此值为 0。对需要听起来像是来自整个环境的声音使用 180，但其音频音量会受到与 3D 空间中的音频源距离的影响（我们将在第 8.4 节使用 180 作为环境音频）。
最小距离	当监听器处于最小距离内时，来自音频源的声音是最大的。当监听器在最小距离之外时，其音量将根据距离开始下降。
最大距离	如果音频监听器超出音频源的最大距离（单位），声音的音量将保持在最小值。 Unity 将最大距离描述为： （对数滚降）最大距离是指声音停止衰减的距离。 （线性滚降）最大距离是指声音完全听不到的距离。
滚降模式	声音消失的速度有多快。数值越高，则监听器在听到声音之前越接近声音。（这由图形确定。）

现在我们已经了解了关于音频源组件的一些基础知识，我们可以开始在花园场景中设置环境音乐。

8.4 为场景添加环境音效

打开本章的 Unity 项目。在 Scenes 文件夹中，打开名为 Game 的场景。

首先要做的是为场景添加音频源组件，以向 VR 场景添加环境音效。

单击 Hierarchy 面板顶部的创建按钮，选择创建空对象，创建新的游戏对象后，在 Inspector 面板中将其名称更改为 AmbientAudio。

在 Inspector 面板中，单击添加组件按钮，选择 Audio 下面的 Audio Source。

在继续设置此组件之前，先看一下该组件的属性。

音频源组件的顶部有一个 AudioClip 字段。该字段的右侧是目标图标，可选择音频文件。点击目标图标并选择 Morning-Birds_Looping_01 文件。

要将音频放置在花园底部，则 Transform 组件的位置字段填写：

X: –4.5
Y: 1.77
Z: 2.07

在 Unity 中制作环境音效需要特定的方法。如果将音频源添加到场景中，则声音听起来将来自其游戏对象的位置。使用普通的音频源，玩家可以四处走动，并且由于声像和消逝，总是会来自设置的位置。对于环境而言，我们需要音频听起来像是在我们身边，而不是从 3D 空间中的特定点发出。

在 Inspector 面板中，在附加到 AmbientAudio 的音频源组件里，将 Spatial Blend 更改为 3D（一直移动到最右侧）（图 8-1）。在 3D 声音设置里面（你需要展开此项，使用标题旁边的小箭头）将 Spread 扩散值更改为 180，这将停止音频声像环绕，并且使环境音效听起来好像它是全部环绕玩家。扩散值决定该音频源将使用多少音频声像空间（图 8-2）。

花园场景需要室外环境声，但我喜欢室外声音随着我们进入小房子而消失的想法。它的工作方式就好像房子正在以真实的方式隔绝音频。为了实现这一点，首先我们需要设置音频源组件的最小和最大距离，并设置音频音量在距离上的变化。选择音频源后，你可以在 Inspector 的各个字段中修改最小距离和最大距离，同样，场景视图将直观显示距离的变化（图 8-3）。音频源的默认最大距离为 500 单位，这对于我们正在使用的花园场景来说太大了。我们只需要花园的环境音效能覆盖整个花园区域，包括从花园的底部到房子的门外。

将最小距离更改为 13.36，将最大距离更改为 16.66。

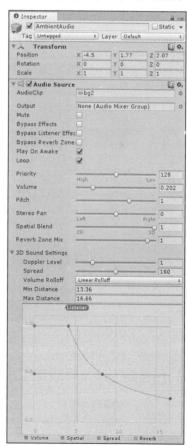

图 8-1　AmbientAudio 游戏对象的音频源组件

图 8-2　宽的扩散值（如 180）使汽车音频听起来好像来自听众周围。窄的扩散值使汽车
音频占用更少的音频空间，并且听起来像是从音频源方向传来的

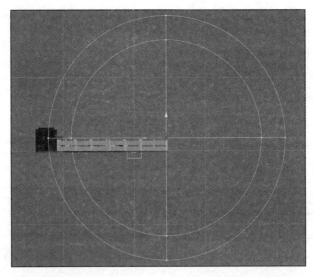

图 8-3　在场景视图中，辅助图显示组件上音频源的最小和最大距离

利用音频为虚拟环境带来生机

在示例项目中，你可能已经注意到侵入的飞虫会偷袭你。它们是无声的，这在飞虫行
为方面不太真实。当飞虫像这样没有声音时，它们看起来并不生动，似乎是静静地向玩家浮
动的物体。而一个音频剪辑可以改变这一情况。

作为一款游戏，如果音频为玩家提供了一个应该往哪里看的信号，效果将更好。

飞虫在飞行时翅膀应该会不断发出嗡嗡声，因此这个音频源将使用循环音频。我们将添加一个循环运行的"嗡嗡"声，以通知玩家周围有一只飞虫。随着离音频监听器（附加在玩家的摄像机）越来越近，声音会变得越来越响，而且它在玩家头部周围的位置将变得更清晰。

需要注意的是音频的选择会影响玩家找出它来自哪里的容易程度。研究表明，音调很高的蜂鸣声让大脑很难找出它们可能来自哪里。白噪音或其他更易辨别的声音对于我们的大脑来说更容易找到它们的来源。根据你希望达到的效果去尝试不同的音频。例如，在引导一个人穿过环境时，你可以不使用蜂鸣声或更高频率的声音，而是选择低音或白噪音。当要给玩家警告某些不具有位置重要性的信息时，蜂鸣声可能会奏效。在使用它之前，请考虑你希望实现的效果以及声音给你的感觉。良好的声音设计需要使用直接和间接的沟通来达到预期效果。

8.5 为飞虫添加音效

在项目浏览器中，找到 Prefabs 文件夹并单击它，查看其内容。在 Prefabs 文件夹中查找 Insect 预设体。

注意：预设体是项目中由一个或多个游戏对象组成的文件。预设体系统是一种构建复杂的游戏对象和组件的组合方式，可以通过单个命令添加到场景中，而不必在每次需要时都逐个构建它们。例如，通过为飞虫设置预设体，我们需要做的就是在游戏中添加 Insect 预设体，并告诉它飞向哪里。Insect 预设体已经具有运行所需的所有脚本组件、物理器和碰撞体。只需一行代码将其添加到场景中，就可以使用。

飞虫添加音频源组件

点击项目浏览器中的 Insect 对象，以在 Inspector 面板中查看其组件和属性。

向下滚动到 Inspector 面板的底部，点击添加组件按钮，选择 Audio 下面的 Audio Source。

在新的音频源组件上（你需要向下滚动到 Inspector 面板的底部才能看到它），请点击 AudioClip 旁边的小图标，这样你就可以选择要播放的音频剪辑（图 8-4）。

选择名为 bzz 的音频剪辑。选中循环复选框，以便声音循环播放。

接下来，将空间混合滑块一直拖到右侧，将空间混合值设置为 1（即 3D）。这可以确保

图 8-4 选择一个音频剪辑让音频组件去播放

声音听起来是来自游戏对象的方向。

完成这项工作需要做的最后一件事是勾选启动时播放复选框。选中启动时播放选项后，无论何时将飞虫预设体添加到场景中，嗡嗡声将自动开始播放，并且会持续播放，直到这个游戏对象被销毁。

按下播放按钮，并注意"嗡嗡"声的音量和声像如何根据其在 3D 空间中的位置而变化。你现在可以听出飞虫的位置，并在被蜇伤之前向它们喷驱虫喷雾！

8.6　为喷壶添加音效

当我们按下按钮使喷壶喷出喷雾时，若有一点声音效果会更好。添加音频剪辑到喷雾的过程非常类似于在前一部分中向飞虫添加音频。当按下喷雾按钮时，有一个预设体将被添加到场景中。通过添加一个音频源到 Spray 预设体，选中在启动时播放选框，每当喷雾添加到场景时，它将自动发出声音。这与飞虫预设体早期使用的方法相同。

点击项目浏览器中的 Spray 预设体（Prefabs 文件夹中）。

在 Inspector 面板中，单击添加组件按钮，选择 Audio 下面的 Audio Source，点击 Audio Clip 旁边的小图标，以便选择 spraycan 音频剪辑。

这一次，我们不需要让音频循环播放，因此你可以不选中循环。将空间混合保留为 2D，这意味着，无论与监听器的空间差异如何，Unity 都不会做任何事情来影响其声像和音量。这个声音像一个短片，当喷雾出现在场景中时就会播放，它只是为了给玩家提供一个喷雾从喷壶喷出的声音提示。

勾选启动时播放复选框。

添加音乐

音乐可以改变游戏。它可以提供氛围并帮助确定行动的步伐。为你正在构建的游戏类型选择合适的音乐搭配以实现你希望的游戏效果非常重要。在本节中，我希望你做一个小实验，试试两种不同类型的音乐，看看它对场景的感觉有何影响。两个音乐循环都可以很好地与游戏配合，但它们为这个动作设定了非常不同的音调。

8.7　为摄像机添加一个音频源

单击 Hierarchy 面板顶部的创建按钮，选择创建空对象。创建新的游戏对象后，在 Inspector 面板中将其名称更改为 MusicAudio。在 Inspector 面板里单击添加组件按钮，找到 Audio 下面的 Audio Source。

在选择音频剪辑前，可以先设置音频源的其他参数。浏览音频源组件并设置以下内容：

Bypass Effects: 勾选
Bypass Listener Effects: 勾选
Bypass Reverb Zones: 勾选
Volume: 1
Spatial Blend: 0（拖动到 2D 端）
Doppler Level: 0
Spread: 0

8.7.1　古怪且有趣

将音频剪辑设置为 Whimsical（通过点击 AudioClip 旁边的小图标）。

戴好你的 VR 头戴式显示器，然后点击播放来预览场景。音乐的基调有助于让游戏感变轻松、有趣，可能还会有点滑稽。

8.7.2　快节奏且激动人心

将该摄像机音频源上的音频剪辑更改为 FastPaced。点击播放以再次预览场景。该音乐的基调有助于让游戏感变快速，给游戏带来的紧迫感是在安静的场景里所没有的。

Unity 混音器及效果

音频混音器有音量控制、音频效果选择以及将音频信号归组的功能。通过将音频分组在一起，你可以控制听到某种类型的声音的方式。将所有声音效果分组到一个混音器中，你可以拥有许多不同的音频源，并通过一组参数控制所有音频源的音量和效果。例如，一个混音器可以控制所有的音效，另一个混音器可以控制音乐，这样使开发人员更容易为用户提供音量控制的滑块。

在本节中，我们将创建一个音频混音器并将其应用于音频和音乐，以便音频和音乐可以通过单独的通道播放，并且我们可以单独操作它们。

8.8　创建一个音频混音器

右键单击项目浏览器中的 Sound 文件夹，然后选择 Create 下面的 Audio Mixer。

将新建的音频混音器命名为 Main。

双击音频混音器以显示混音器参数，这样你可以看到混音器界面（图 8-5）。

8.8.1　音频混音器窗口

在混音器窗口中，你将看到几个类别：混音器、音频快照、组和视图窗。

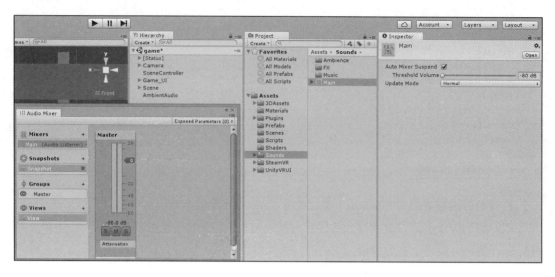

图 8-5 音频混音器窗口

1）混音器

如果需要，你可以使用多个混音器，但对于大多数小项目，你可能只需要一个。混音器可让你将音频发送出去并在发送到扬声器的过程中进行控制。

2）音频快照

更改多个设置意味着你必须逐个设置混音器的各属性。音频快照让你可以快速设置快照并保存。然后你可以选择要加载的快照。使用快照的一个很好的例子是车内和车外音频之间的差异。发动机声音在汽车外部与内部是截然不同的。为此，你可以设置两个音频快照，一个用于车内，一个用于车外。通过在车内的快照中设置不同的效果和级别，发动机的声音和道路噪音可能会降低，并且会产生效果，使声音听起来被抑制住，好像隔音功能正在发挥作用一样。在外部的音频快照中，声音可能更响亮，也许还有更多的混响。当模拟从汽车内部移动到外部时（例如更换摄像机或者体验者身体离开车辆），可以切换到适用的音频快照以使音频声音正确。

3）组

可以将组视为一个可以根据需要发送任何声音的单独通道。通过使用多个组，可以控制任何通过它们的声音的音量和效果。例如，可以设置一组音效和一组音乐。音乐组的音量可以与音效组的音量不同，以便单独控制音乐和音效的音量。

默认情况下，Unity 将一个名为 Master 的组添加到混音器，我通常会添加新的组作为 Master 的子组，在 Master 组上更改任何设置时，会传递给其他组。例如，要为选项菜单创建主音量控制器滑块，则主控制器需要影响所有音量级别。更改 Master 上的音量会影响任何子组上的音量，我在创建主控制器音量滑块时将使 Master 组中的所有音效组和音乐组都受到应用于 Master 的设置的影响。这与 Unity 中的大多数对象系统一样，是分层级的。

4）视图窗

视图窗可以帮助使用组。通过使用每个组旁边的眼睛图标，可以选择要在音频混音器窗口中编辑的组。视图窗自动执行使用眼睛图标的处理。例如，可以设置一个视图窗仅仅显示一个组，如与车辆音频相关的组。另一个视图窗仅仅用于显示自然声音。当存在大量组时，使用视图窗系统将能更有效地处理所有问题。

8.8.2　在音频混音器窗口设置混音器

音频组显示在窗口右侧，作为通道（图 8-6）。无论何时通过本组播放声音，你都会看到 VU 表显示电平。VU 表右侧的深灰色箭头可用鼠标移动，并指向此通道上当前设置的衰减电平，默认值是 0 分贝。这将影响声音的输出音量。

图 8-6　点击"+"图标将组添加到音频混音器

在 VU 表的下方，你会看到三个图标按钮：S、M 和 B。按顺序分别是：

1）独奏（S）：将使当前其他没有独奏的音频组静音。也就是只能听到该组的音频，并且所有其他音频组将保持静音（除非它们也通过 S 按钮被设置为独奏）。当有很多音频组时，这对于在平衡和调整音频设置时能够隔离单个组很有用。

2）静音（M）：M 按钮将该组的所有音频静音。而其他组的音频将继续保持原样。

3）旁路（B）：如果有音频效果应用于此组，则 B 按钮将绕过效果系统直接播放音频。此按钮仅适用于当前组，如果有任何其他组或子组连接到它，它们不会受到影响。此按钮仅绕过当前组的效果。

在组混音器的底部，可以添加或修改音频效果。关于这一部分不加详细讨论，因为内容繁多而复杂，超出了本章的讨论范围。如果需要更深入了解关于音频效果和音频系统的信息，建议查看 Unity 文档。

8.9　添加混音器组

单击组右上角的"+"按钮，添加两个新组，并将它们命名为 SFX 和 Music，如图 8-6 所示。

确保 SFX 组和 Music 组在 Master 组下。可以通过在这个区域拖放来更改排列顺序。

通过将 SFX 组和 Music 组置于 Master 组下，每当更改主音量时，其他组的声音也将更改。

8.10　设置音频源来使用音频混音器组

现在有了一个音频混音器，以及为声音效果和音乐而设置的组，接下来让音频源去使用它们。本章前部分讲述了被添加为游戏对象组件的音频源。即使没有设置任何音频混音器，音频也可以工作，但其输出将直接传送给监听器。更改音量或音频效果等的唯一方法是通过代码或编辑器直接应用于此音频源。通过混音器来传递，其信号输出可以从单独一个地方进行全局控制。

从设置音乐开始。在 Hierarchy 面板中，单击摄像机。在 Inspector 面板中，找到音频源组件并单击 Output 旁边的小图标。

当混音器列表弹出时，选择 Music（Master）。

接下来是环境音效，在 Hierarchy 面板中找到环境音效。在 Inspector 面板中，找到音频源组件并单击 Output 旁边的小图标，将输出设置为 SFX（Master）。

记住，飞虫也有声音效果。在项目浏览器中，找到 Prefabs 文件夹并单击 Insect 预设体。它的左边是一个小箭头，用于展开预设体并显示其中包含的另外两个游戏对象：

```
Insect
    Wasp
    OuchAudioSource
    SprayedAudioSource
```

当飞虫蜇伤玩家时，OuchAudioSource 将播放。玩家喷中飞虫时，SprayedAudioSource 将播放。这两个是附加到空游戏对象的音频源组件，它们也需要将其输出设置为 SFX。

在项目浏览器中单击 OuchAudioSource 预设体。在 Inspector 面板中将音频源下面的 Output 设置为 SFX。

单击 SprayedAudioSource 预设体。再次在 Inspector 面板中，将音频源下面的 Output 设置为 SFX。

最后，对于飞虫，我们也需要通过 SFX 音频混音器组输出"嗡嗡"声。点击 Insect 预设体，找到音频源并将 Output 设置为 SFX。

Spray 预设体是我们需要设置的最后一个。点击 Prefabs 文件夹中的 Spray 预设体并将其音频源组件的 Output 设置为 SFX。

8.11　测试并混合音频

Unity 的音频系统为编辑和设置音频提供了强大的界面。可以实时看到音频电平，甚至可以在音频正在播放时应用音频效果。混音通过音频混音器窗口完成（图 8-7）。

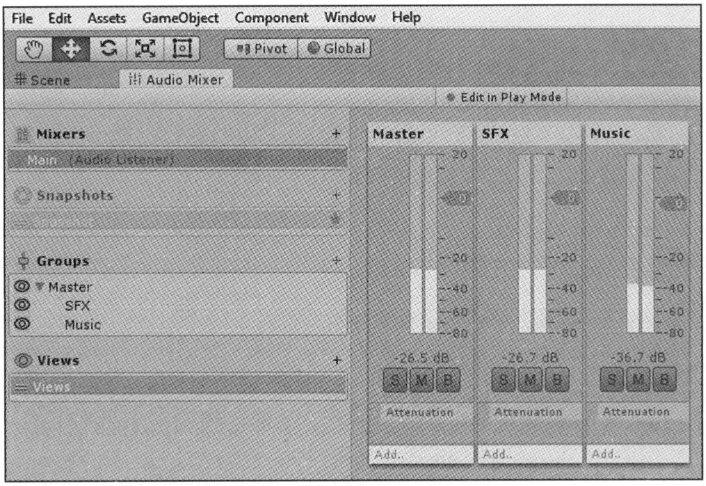

图 8-7　场景视图中的音频混音器窗口，显示带有 VU 表的音频混合器组，
可以在游戏预览期间监视和配置声音

当你尝试预览时，可能会意识到的第一件事是整体看起来是否很活跃。周围的环境音效有助于强化花园的视觉效果，当飞虫出现时，可以听到它们接近及从哪个方向飞来。飞虫的行为也很有特点，当用喷雾喷洒它们时，它们飞走时会发出可爱的"嗡嗡"声。音高的变化使它听起来又小又可爱，没有那种杀虫子的黑暗主题。由于飞虫不会被杀死，它们只是飞走，所以游戏氛围是快乐又轻盈的。音频增加了这一点，采取轻松愉快的方式进入花园入侵者的场景。

不要害怕尝试。Skip Lievsay 是好莱坞的顶级音响设计师，他说他曾使用烤培根的"嘶嘶"音作为雨声，将狮子的咆哮声与汽车引擎声混合在一起，使声音听起来更具攻击性（Kisner，2015）。这不仅仅是声音，而是听到声音时会产生的那种感觉。例如，要在鬼屋的 VR 体验中制作吱吱作响的门。门需要吱吱作响的声音，日常家里的门不会有吱吱作响的声音，所以不能使用它们。相反，可以通过对三个声音依次排序，在 Audacity（http://www.audacityteam.org/）等声音编辑器包中重新创建效果。第一个声音是转动门把手时的声音。第二个声音是闩锁打开时的微小咔哒声。最后一个声音是吱吱声，这可以从吱吱作响的抽屉里录到，或者可能是不相关的东西，例如弯曲一根木头以产生吱吱声。听众可能永远不会知道鬼屋中使用的是不是真正吱吱作响的门声，但是当他们将要穿过旧门，听到令人毛骨悚然的吱吱作响声的效果可能会令人难以忘怀！赋予声音创造力，而不仅仅是创造一种有助于营造想要的氛围的声音。

我们用真实世界的规则、物理、生物、建筑来创造虚拟世界。不仅要注重视觉环境，更为重要的是要强调整个体验的主题和基调。通过考虑更多无法直接看见的东西，为玩家建立一个更丰富、更完整的世界。

8.11.1 音频闪避

音频工程师们常用音频闪避来降低音轨的音量，以便更容易听到另一个音轨。Unity 包含一个内置的音频闪避功能，可以轻松应用到混音器。

在项目浏览器的 Sounds 文件夹中，找到主音频混音器并双击它。在音频混音器窗口中，可以看到三个组：Master、SFX 和 Music。

每个混音器组的底部是用于添加效果的按钮。

1）发送和接收

混音器通道（组）能够相互发送和接收数据。对于音频闪避，我们希望受到影响的混音器通道必须从另一个通道接收音频。我们将根据 SFX 通道的输出来设置 Music 通道的闪避，因此首先要做的是向 SFX 添加发送效果。

在音频混音器视图中，在 Music 通道的底部单击 Add 按钮，然后选择 Duck Volume。注意，这与"嘎嘎"声无关。

在 SFX 通道的底部，单击 Add，然后选择 Send。在 Inspector 面板中，选择 SFX 通道后，现在应该看到一个 Send 组件。在这里，需要告诉 Send 组件应该是哪里接收数据。单击 Inspector 面板中的 Receive 下拉列表，然后选择 Music\Duck Volume。

同样在 Inspector 面板中的发送电平很重要，因为它确定着要将该通道多大的输出发送到其接收器。将发送电平一直向右滑动，直到滑块右侧的数字为 0.00dB。

2）音频闪避设置

为了从音频闪避中获得最令人满意的效果，通常需要对其使用的值进行一些调整，以确定闪避发生所需的输入音频以及它将如何闪避。猜测这些值将是困难的，因此 Unity 提供了一种在运行预览时设置音频的方法，以便可以使用实况的音频空间，并且可以立即体验设置更改后的效果。

当点击播放来预览场景时，音频视图会变灰，提醒我们在播放模式下无法对其进行任何操作。此外，在播放模式下，当选择了音频通道时，两个新的切换按钮出现在音频混音器视图的顶部和 Inspector 面板的顶部—两者都被标记为"在播放模式下编辑"。预览正在运行时单击在播放模式下编辑按钮，可以更改任何音频参数，与正常的 Unity 操作相反，在点击停止按钮返回编辑后，更改将保持不变。

通过反复试验，我一直观察在听到飞虫接近时，"嗡嗡"声如何响亮，然后音频闪避如何影响音乐音量，并以此来设置参数。我最终更改了以下值：

Treshold（临界值）：-27.50
Attack Time（上升时间）：583.00

注意，在 Inspector 面板中，可以在视图里向左或向右拖动白线（图 8-8）以设置临界值。如果按播放按钮进行预览，图将显示音频输入，可以看到临界值开始的位置与音频电平输入的位置。

可以使用图来获得非常好的临界值。

8.11.2　其他效果

这里提到的只是一些简单常用的部分。在音频混音器的音频组底部，还可以在添加下拉菜单中找到许多其他音频效果。这里不再详细介绍它们，但是你也可以尝试使用低通（Lowpass）和高通（Highpass）、回声（Echo）、变调（Flange）和变声（Distortion）等各种非常酷的效果，通过添加到不同的音频组中以获得不同的效果。

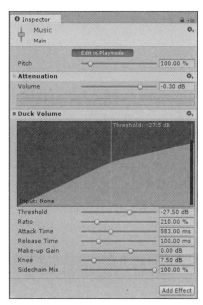

图 8-8　在 Inspector 面板中设置音频闪避

8.12　保存项目

按 Ctrl+S 或者点击 File 下面的 Save Scene 来保存项目。

8.13　本章小结

本章的内容几乎都是关于音频的。首先了解了不同类型的声音，然后介绍如何在 Unity 场景中设置环境音效。音频源的属性是其能否正常工作的关键。在添加一些音乐来设定游戏节奏后，我们还学习了音频混音器，包括如何设置它们，以及如何使用它们将音频发送到扬声器。最后，体验了有所有音频的游戏场景。

Chapter 9 第 9 章

HTC Vive 移动控制器

9.1 如何与虚拟世界交互

如何与虚拟世界交互将是 VR 技术里最具限制性和令人失望的方面之一。我们的视觉和听觉可以被替换，但是当涉及实际移动、触摸物体、拾取物体，或者对虚拟世界有任何实际感觉时，我们能做到的仍然非常有限。目前市场竞争点是寻找一种直观的控制系统，可以为使用者提供反馈，使用容易并且让人感觉自然。使用过 HTC Vive 的人应该知道 Vive 控制器提供了一种控制虚拟世界和房间规模 VR 的绝佳方式。

9.2 HTC Vive 控制器

HTC Vive 最酷的功能之一是其开箱即用的房间规模 VR。它是市场上第一款允许使用者四处走动并充分探索空间的控制系统，就好像使用者实际上站在里面并能够四处走动一样。Vive 的大部分游戏和体验都是为了在空间中移动和抓住东西而设计的一与使用者所处的 VR 世界交互。HTC Vive 附带的"魔杖式"控制器（图 9-1）专为 VR 设计，非常直观，具备

图 9-1　HTC Vive 控制器具有运动追踪功能，可以与 VR 世界中的对象进行常人难以置信的交互（由 HTC 提供）

无线追踪和力矩反馈。

　　当使用控制器时，它们在虚拟世界中有相应的 CGI 对应物，以便使用者可以轻松地知道它们的位置并在需要时找到按钮。在许多游戏中，会在视觉上将控制器显示为锤子、剑或者玩家应该持有的任何东西。由于控制器巧妙的设计，即使在虚拟世界中的形式与现实世界中完全不同，通常也易于操作。

9.2.1　尝试 SteamVR 交互系统示例场景

　　如果你还没有尝试过该控制系统，请打开 SteamVR 库中的交互系统示例场景—在 SteamVR 下面的 InteractionSystem 下面的 Samples 下面的 Scenes 文件夹中找到该场景。场景的名称是 Interactions_Example，它包含许多交互式部分，如 UI、拾取和投掷的对象、长弓以及其他零碎的东西。在里面玩过了扔东西和射箭后，接下来就可以跟我学习如何使用这个。

　　本章后面将介绍如何使用用于 UI 的 SteamVR 交互系统（交互系统有一种很好的方式来使用标准 Unity GUI 与控制器），但控制器代码是独立工作的。我们将做一个小型自定义脚本，以满足大多数用途。

9.2.2　设计房间规模 VR 控制器技巧

　　在本节中，你已经知道如何使用 HTC Vive 控制器来操作虚拟世界中的对象。该控制器是一种非常强大的交互工具，为房间规模 VR 体验提供了远远超出标准控制器体验的可能性。重要的不仅是学会使用控制器，而是要仔细地操作、测试和迭代控制系统，直到它们变得最直观，以便可以制作它们。让周围人试试交互控制，仔细聆听用户的反应和意见。

　　似乎设计一个控制系统就像制作按钮并分配行为一样简单，但事实并非如此。真正了解控制系统是否正常工作的唯一方法是在 VR 中测试使用它。实际实现的效果与概念设计有很大不同，你可能会惊讶于实验和迭代控制器设计可以使你的体验有多少受益。

　　尝试让控制器能迅速地融入使用者的手中。要使一个控制系统成功起作用，使用者在掌握了基础知识后，要能让他们不会意识到正在使用控制器。如果需要添加巨大的箭头或屏幕教程来演示控制系统的工作原理，那么这个控制系统很可能需要更多的工作。一个好的控制系统应该尽可能让用户易于接受、明白。

　　采用实验 / 回缩法进行控制器设计，在娱乐中花时间完善控制器。获得正确的控制系统是一个非常有益的过程，但是需要时间才能做到这一点，要保证项目时间表有很大的一部分用来开发控制系统，让真人（一部分人有使用过 VR，一部分人没有）体验，并迭代设计，直到开发出最好的控制系统。你的虚拟世界最终会让使用者惊叹于他们在里面的存在—但如果控制器让他们失望，这将是一个失败！

Alistair Doulin 在他的 GamaSutra.com 博客上提到，千万不要鼓励使用者让控制器彼此靠得太近或离头戴式显示器太近（Doulin，2016）。这是一个很好的建议，尝试了解使用者将如何使用控制器，避免让控制器或使用者处于危险之中。

你还应该考虑室内的空间以及如何使用它。为了能够支持大多数房间规模用户，Doulin 建议游戏空间为 2×1.5 米或更小。尽量保留用户在这个空间内交互的任何东西，这样用户就不太会走到现实世界中的障碍之外。如果必须超过建议的最小空间，应该提供一个远程端口系统，这样即使物理空间有限，用户仍然可以在虚拟世界中四处走动。

研究其他的 VR 体验，看看它们的功能。例如，我喜欢 Valve 的 The Lab，用户可以捡起小球，放在头上传送到不同的世界里面去。我觉得我可能不会想到如此抽象地控制系统，但使用起来却很自然。The Lab 在世界之间旅行的方式是我最喜欢的异乎寻常的 VR 体验例子。

9.3 在虚拟现实中利用 Vive 控制器拾取并放下

本节将重点介绍如何制作一个包含若干可以拾取和放下的对象的基础场景（图 9-2）。处理拾取和放下对象的代码的主要部分是基于 SteamVR_TestThrow.cs 脚本，该示例脚本在 1.2 版本之前是作为 SteamVR 库的一部分提供的。在 1.2 版本之后，可以使用 SteamVR 交互系统实现类似的效果。如果花一点时间查看 SteamVR 下面的 InteractionSystem 下面的 Samples 中的示例场景，并在 Hierarchy 面板中查看 Throwables 游戏对象以及其下的子游戏对象。与先进的 SteamVR 示例相比，我的方法相对简单，但它仍然可以完成工作，应该是大多数基础交互的良好解决方案。

图 9-2　本章的示例项目具有不同重量、大小、形状和重力级别的
对象，可以抓住它们，移动它们并将它们扔到场景周围

9.3.1　在 Unity 场景中添加 Vive 控制器

打开本章的示例项目文件。首先看看如何将控制器添加到场景中，以便可以在 VR 中看到它们。

点击 File 下面的 New Scene 在 Unity 中创建新场景。

使用 SteamVR 库可以轻松添加控制器的支持件，它提供预设体，并完成好摄像机装置，一切都准备就绪。

在项目浏览器中，找到 SteamVR 下面的 Prefabs 文件夹并在那里查找 [CameraRig] 预设体。将其拖出项目浏览器并放到 Hierarchy 面板中，以便 Unity 将预设体的实例添加到场景中。

在 Hierarchy 面板中，展开 [CameraRig] 游戏对象以查看它包含的子对象。我们现在主要关注的是第一级层次。其基本装置看起来像这样：

```
[CameraRig]
    Controller (left)
        Model
    Controller (right)
        Model
    Camera (head)
        Camera (eye)
        Camera (ears)
```

Controller(left) 和 Controller(right) 游戏对象是用来处理左右控制器的。每个 Controller 还提供控制器及其所有按钮和触摸板的可视化表示。这提供了现实世界中的控制器与虚拟世界中的控制器之间的有形链接。Controller 下面是一个名为 Model 的游戏对象，这个游戏对象很有意思，因为它虽然被命名为 Model，但它实际上并不包含任何 3D 网格或模型。有一个单独的脚本组件附加在它上面，即 SteamVR_ Rendermodel，它将告诉 SteamVR 库加载控制器模型并构建相关的子游戏对象和子组件，它们一起组成控制器的完整动画表示。如果你在项目浏览器中查看 SteamVR 文件夹内部，你很快就会发现那里没有控制器模型。这是因为 SteamVR_Rendermodel 是从本地 SteamVR 安装库里（链接到 Steam 客户端的安装库）获取模型。如果想用其他东西替换控制器模型并隐藏原始模型，则需要删除或禁用 Model 游戏对象，以便 SteamVR 不会尝试执行其控制器设置。

我们可以使用 Controller(left) 和 Controller(right) 游戏对象来附加自定义行为，让控制器采取不同的行动或对按钮做出反应。在本章中，我们将查看 Controller 游戏对象的脚本组件，名为 PickUp.cs。该脚本允许用户在虚拟世界中拾取、放下或抛出基于物理规则的刚体对象。

9.3.2 PickUp.cs 脚本

在这里显示的脚本，允许我们使用控制器来拾取、放下和抛出物体，完整的 Pickup 脚本如下所示：

```
using UnityEngine;

[RequireComponent(typeof(SteamVR_TrackedObject))]
[RequireComponent(typeof(SphereCollider))]

public class PickUp : MonoBehaviour
{
    public string grabbableTag = "GrabbableObject";

    [Space(10)]
    public float throwMultiplier = 1f;
    public float grabRadius = 0.06f;

    [Space(10)]
    public Rigidbody attachPoint;

    SteamVR_TrackedObject trackedObj;
    FixedJoint joint;

    private GameObject theClosestGO;
    private SteamVR_Controller.Device myDevice;
    void Awake()
    {
        // grab references to things we need..
        trackedObj = GetComponent<SteamVR_Tracked
Object>();
        SphereCollider myCollider = GetComponent<Spher
eCollider>();

        // do a little set up on the sphere collider
to set the radius and make sure that it's a trigger
        myCollider.radius = grabRadius;
        myCollider.isTrigger = true;
    }

    void FixedUpdate()
    {
        myDevice = SteamVR_Controller.Input((int)
trackedObj.index);

        // -------------------------------------------
        // PICKUP
        // -------------------------------------------
        if (joint == null &&
myDevice.GetTouch(SteamVR_Controller.ButtonMask.
Trigger))
        {
            PickUpObject();
        }
```

```
        // ---------------------------------------
        // DROP
        // ---------------------------------------
        if (!myDevice.GetTouch(SteamVR_Controller.
ButtonMask.Trigger))
        {
            DropObject();

        }
    }

    void PickUpObject()
    {
        // if we found a close object, grab it!
        if (theClosestGO != null)
        {
            joint = theClosestGO.AddComponent
<FixedJoint>();
            joint.connectedBody = attachPoint;
        }
    }

    void DropObject()
    {
        // this function destroys the FixedJoint
holding the object to the controller and resets
theClosestGO
        if (joint != null)
        {
            // if we already have grabbed something,
we keep it locked to the controller
            var go = joint.gameObject;
            var rigidbody = go.GetComponent
<RigidBody>();
            DestroyImmediate(joint);
            joint = null;

            var origin = trackedObj.origin ?
trackedObj.origin : trackedObj.transform.parent;
            if (origin != null)
            {
                rigidbody.velocity = origin.
TransformVector(myDevice.velocity) * throwMultiplier;
                rigidbody.angularVelocity = origin.
TransformVector(myDevice.angularVelocity);
            }
            else
            {
                rigidbody.velocity = myDevice.velocity
* throwMultiplier;
                rigidbody.angularVelocity = myDevice.
angularVelocity;
            }

            // make sure that our max velocity is not
less than the speed of the controller (we want the
```

```
object to
            // match the velocity of the controller,
right?)
            rigidbody.maxAngularVelocity = rigidbody.
angularVelocity.magnitude;

            // reset the reference in theClosestGO
            theClosestGO = null;
        }
    }

    void OnTriggerEnter(Collider collision)
    {
        // when the controller hits and object,
theClosestGO is set to the object and we make a little
buzz
        if (joint == null && (collision.gameObject.tag
== grabbableTag))
        {
            theClosestGO = collision.gameObject;
        }
    }

    void OnTriggerStay(Collider collision)
    {
        // if the controller is inside an object, we
still want to be able to grab it so we keep theClosestGO
set OnTriggerStay
        if (joint == null && (collision.gameObject.tag
== grabbableTag))
        {
            theClosestGO = collision.gameObject;
        }
    }

    void OnTriggerExit(Collider collision)
    {
        // before removing this from the 'possible to
grab' theClosestGO var, we check that it is the current
one
        if (joint == null && theClosestGO != null)
        {
            theClosestGO = null;
        }
    }
}
```

9.3.3 脚本分解

我们从包、几个检查语句和类声明开始解释：

```
using UnityEngine;
[RequireComponent(typeof(SteamVR_TrackedObject))]
[RequireComponent(typeof(SphereCollider))]
```

```
public class PickUp : MonoBehaviour
{
```

在上面的脚本中，使用 RequireComponent 来确保 SteamVR_TrackedObject 组件附加到被此脚本附加的同一游戏对象上。然后检查 SphereCollider 是否也附加到此游戏对象上。我这里没有通过这个脚本来完全自动化设置 SphereCollider，因此要使用它，需要始终确保已在控制器上正确设置了碰撞体组件（在 Inspector 面板设置）。应该在 Inspector 面板中将 SphereCollider 组件的实际位置设置为一个理想的点，使它可以注册足够接近的对象。

唯一需要注意的是 PickUp 类是从 MonoBehaviour 上派生的，这样它可以使用 Unity 函数。

你可能想到在第 3 章中介绍过 SteamVR_TrackObject 类是一个附加到可以随现实世界对象运动的游戏对象的脚本组件，SteamVR_TrackObject.cs 有一个引用变量，它充当控制器硬件的 ID—如果想要对硬件做任何事情，需要正确的引用才能与之正确地通信。Vive 控制器将被动态分配一个数字，这意味着它每次都是不同的，并且硬编码（在代码中使用固定数字）将是不可靠的。在此脚本中，我们要求一个 SteamVR_TrackObject 组件作为控制器的引用来监控控制器的按钮。

```
public string grabbableTag = "GrabbableObject";
```

此脚本使用 Unity 标签来判断何时可以拾取对象，标签是 Unity 中使用字符串来识别对象类型的系统。应该如上在 Inspector 面板以及标签和层界面中设置 grabbableTag 字符串（注意：示例项目已经设置了标签，但是作为参考，可以选择游戏对象时，通过从 Inspector 面板的标签下拉列表中单击 Add Tag 来到达标签和层界面）。

关于字符串比较的注释：字符串比较往往较慢，不建议定期比较（例如在每帧或更多帧上调用的 Update 或 FixedUpdate 函数）。但有一种情况例外，即我们只在按下按钮时比较，此时对整体性能的影响应该可以忽略不计。

接下来是变量的声明：

```
public float throwMultiplier = 1.4f;
public float grabRadius = 0.06f;

public Rigidbody attachPoint;

SteamVR_TrackedObject trackedObj;
FixedJoint joint;

private GameObject theClosestGO;
private SteamVR_Controller.Device myDevice;
```

在这里不详细介绍这些变量，因为在后面讨论脚本的主体时，大多数变量都会变得清晰。

由于此脚本派生自 MonoBehaviour，因此 Unity 在加载脚本时会自动调用 Awake() 函数：

```
void Awake()
{
    // grab references to things we need..
    trackedObj = GetComponent<SteamVR_Tracked
Object>();
```

上面，我们获取对 SteamVR_TrackObject 组件的引用，假设它将像此脚本一样附加到相同的游戏对象，以便我们可以使用 GetComponent 自动查找它。接下来，我们将查找 SphereCollider 组件：

```
    SphereCollider myCollider = GetComponent<Spher
eCollider>();

    myCollider.radius = grabRadius;
    myCollider.isTrigger = true;
}
```

我们使用 GetComponent() 函数获取对 SphereCollider 组件的引用，并设置其范围和触发属性。该控制器系统使用 SphereCollider 来判断对象何时处于抓取距离内（图 9-3）。我们不需要 Collider 能尝试解决碰撞，但我们需要在发生碰撞时得到通知，这就是为什么它的触发属性设置为真。当一个对象进入 Collider 的触发区域时，系统将自动调用一个函数，例如 OnTriggerEnter()，它包含对象的引用。

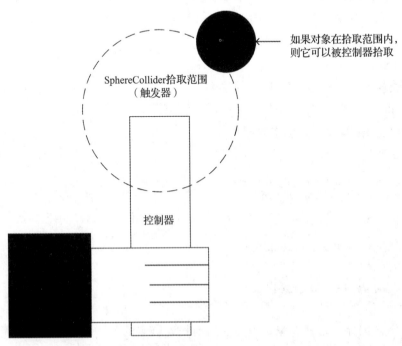

图 9-3 拾取系统使用 SphereCollider 作为触发器，来告知用户要拾取的对象是否在范围内

重要说明：为了在对象和附加到控制器的 SphereCollider 组件之间注册碰撞，对象必须附加一个刚体。Unity 要求碰撞只有在一个或多个碰撞对象附加了刚体时才会注册。只要两个对象都有碰撞体，就只要求其中一个对象附有刚体。

我们在此脚本中设置范围，但如果你使用的是除示例项目中设置的控制器以外的任何内容，则还需要在 Inspector 面板中手动定位 SphereCollider。在示例项目中，SphereCollider 已经正确放置。

```
void FixedUpdate()
{
    myDevice = SteamVR_Controller.Input((int)
trackedObj.index);
```

FixedUpdate() 是 MonoBehaviour 派生类的另一个自动调用函数。每个物理时间段，引擎都会调用 FixedUpdate() 函数。这里通常是放置基于物理的行为的地方。在这里，我们将根据 FixedUpdate() 函数内的条件来创建和销毁物理节点，这似乎是正确的位置，而不是 Update() 或 LateUpdate() 函数。

myDevice 被设置为包含一个对此脚本所附加的控制器的引用。下面是对如何获得该引用的解释：SteamVR_Controller.Input 类是从 Unity 资源商店中的 SteamVR 包下载的 SteamVR 代码库的一部分，它提供了可公开访问的函数，用于处理控制器。上面几行代码的功能是找出我们要与之通信的设备（控制器）。

因此，要求 SteamVR_Controller.Input 函数通过传入 ID 号来返回它。这将提供一个 SteamVR_Controller.Device 对象的引用，然后可以使用它来追踪控制器上的按钮按下情况。

首先，来看看扳机键是否被按下：

```
    if (joint == null && myDevice.GetTouch(SteamVR_
Controller.ButtonMask.Trigger))
    {
        PickUpObject();
    }
```

上面代码中，在与控制器通信之前，第一个条件是查看节点变量是否为空。节点变量将保持对 FixedJoint 组件的引用，当持有它时，它将把对象保持在物理引擎中的控制器上。当已经有一个 FixedJoint 引用时，意味着控制器中已经持有一些东西，所以我们不想添加另一个并尝试保持它。虽然可以容纳多个项目，但此脚本仅允许用户一次选取一个项目，每个控制器选取一个游戏对象。如果我们没有设置 FixedJoint，则节点变量将为空。

接下来，我们使用 device.GetTouchDown（SteamVR_Controller.ButtonMask.Trigger）来查看扳机键按钮是否按下。请注意，这里使用的是 GetTouch 而不是 GetPress，你实际上可以使用其中任何一个，但我发现 GetTouch 在扳机键按下时注册更快，因此用户不必快速按下扳机键。如果你对我的解释有任何疑问或疑虑，请随时将 GetTouch 更改为 GetPress 并亲自尝试。

如果在上次更新期间按下按钮，device.GetTouchDown 的值将返回真。它需要一个类型为 SteamVR_Controller.ButtonMask 的参数。

SteamVR_Controller.ButtonMask 参数包含控制器上可用的所有输入。如下：

ApplicationMenu（应用菜单）：应用菜单按钮是位于控制器顶部的菜单按钮。

Grip（侧键）：侧键按钮位于控制器的两侧，当握住控制器的手柄时，表示"挤压"。

Touchpad（触控板）：触控板是一个大的圆形区域，靠近控制器的顶部。它既可用作触摸板，也可用作按钮。通过给按钮添加 SteamVR_Controller.device 函数，可以知道按钮何时被按下。结合 GetAxis() 函数，可以准确找到触摸发生时的位置。通过使用触摸按钮的位置，可以根据需要将触摸板分成许多区域 / 单独的功能。例如，在 The Lab 演示中，触摸板分为四个象限，以生成四种不同颜色的气球。

Axis0（还有 Axis1、Axis2、Axis3、Axis4）：你可以访问触摸板的各个轴，但更容易找到触摸发生位置的方法是使用 controller.GetAxis() 函数。GetAxis 在（-1，-1）和（1,1）之间提供 Vector2（2d 向量），以告诉你触摸发生的位置（从左上角到右下角）。如果想追踪触摸板上的按钮按下，可以使用标准按钮设备按下功能来检查触摸板和 GetAxis，以找出触摸板上实际按下的位置。

Trigger（扳机键）：扳机键是控制器背后的按钮。

总之，在前面的代码块中，我们检查了是否还没有创建 FixedJoint，以及是否按下了扳机按钮。如果满足这些条件，则调用 PickUpObject() 函数来处理实际拾取动作。

```
        if (!myDevice.GetTouch(SteamVR_Controller.
ButtonMask.Trigger))
        {
            DropObject();
        }
    }
```

在上面，我们检查扳机按钮是否没被按下，如果满足此条件，则调用 DropObject() 来放下对象。这就是 FixedUpdate() 函数的功能。

现在我们可以判断用户何时尝试拾取或放下对象，我们可以继续编写函数以进行实际的拾取和放下动作：

```
void PickUpObject()
    {
```

PickUpObject() 函数首先确保有一个足够接近的对象可以拾取：

```
if (theClosestGO != null)
{
```

theClosestGO 是一个变量，包含用户试图通过控制器获取的游戏对象的引用。只要对象进入控制器的 SphereCollider 触发区域，它就会在 OnTriggerEnter() 函数的类中进一步设置。当一个对象进入拾取范围内时，theClosestGO 变量将包含对可能被拾取的对象的引用。如果我们在 theClosestGO 变量中有一些东西，代码可以继续锁定它：

```
            joint = theClosestGO.AddComponent<Fixed
Joint>();

            joint.connectedBody = attachPoint;
        }
    }
```

在调用此 PickUpObject() 函数之前，请回想一下 FixedUpdate() 函数，我们通过查看节点变量是否为空来检查 FixedJoint 是否已经在运行。我们想确保 FixedJoint 尚未将另一个对象保存到此控制器。允许控制器拾取不止一个对象会变得非常混乱，所以我们只想让用户一次只能拾取一个对象。

由于 FixedJoint 尚未运行，因此上面的代码通过向 ClosestGO（我们想要拾取的对象）添加一个 FixedJoint 组件开始。它使用 AddComponent() 函数来执行此操作。

接下来，将 FixedJoint（被命名为 joint 的变量中保存的引用）附加到控制器上。我们通过将 joint 的 connectedBody 属性设置为 attachPoint 变量来实现。attachPoint 包含对另一个游戏对象的引用，该游戏对象是控制器的子对象。它只是作为附加对象的引用点，而 Attach Point 对象只是一个空的游戏对象，没有附加组件。

这就是将对象附加到控制器所需要做的全部工作。下一个是 DropObject() 函数：

```
void DropObject()
{
    if (joint != null)
    {
        var go = joint.gameObject;
        var rigidbody = go.GetComponent<RigidBody>();
        DestroyImmediate(joint);
        joint = null;
```

DropObject 通过检查节点变量不为空开始，有一个 FixedJoint 设置并附加到一个对象上。如果节点变量为空，这将是一个空操作，没有任何对象可以放下，可以简单地完全退出该函数并忽略该调用。

当找到 FixedJoint 并且条件满足时，上面的代码使用 DestroyImmediate 函数从场景中完全移除 FixedJoint。现在，你可能想问它为什么使用 DestroyImmediate 函数而不使用 Unity 的标准 Destroy 函数。这个问题问得好！这背后的原因是在当前的 Update 循环完成之前，Destroy 函数总是被延迟。这意味着任何速度设置最终都可能受到基于仍附着的 FixedJoint 的物理计算的影响。通过使用 DestroyImmediate() 函数立即移除 FixedJoint，引擎的物理计算将对速度进行更改（在下一个代码块中进行更新），就好像 FixedJoint 从未出现过一样。

相反，Unity 文档会提示小心使用 DestroyImmediate() 函数并建议始终使用 Object.Destroy()

函数。这是因为 Destroy 函数发生在安全的时间，而当你在脚本中的其他地方引用了被销毁的对象时，DestroyImmediate 函数可能会导致错误。因为我们只在引用节点变量或者重置它时使用，代码是足够安全的，可以放心使用。

在销毁 FixedJoint 组件之后，节点变量也设置为空以确保安全。下一个代码块将告诉对象速度和角速度，现在这个对象将从控制器被释放。如果没有传递速度信息，那么对象将被断开，即使试图将它抛出也只会简单地掉到地上。

```
var origin = trackedObj.origin ? tracked
Obj.origin : trackedObj.transform.parent;
```

Origin 包含控制器的原点，但是在上面的代码行中我们进行了一些检查，查看 SteamVR_Tracked 对象组件上是否有备用的原点集合。为什么要这么做？ SteamVR_Tracked 对象允许设置不同的原点变换来用于不同的形状或控制器网格。在本例演示中，我们不更改原点，因此可以假设控制器原点是父对象的原点。在确定速度时，获取原点很重要，因为它包含变换信息，包括比例和旋转，我们的代码将使用它来转换从局部到世界空间的向量。

说实话，在看这句代码之前，运算符 "? :" 对我来说是陌生的。如果你也不熟悉，我在这里试着解释一下。该句代码的语法是：

```
condition? 1st expression: 2nd expression;
```

条件只可以是真或假。然后，如果条件为真，那么结果将是第一个表达式。如果条件为假，则结果将是第二个表达式。我们在这里要做的是查看 trackedObj.origin，看它是否被填充（即变量包含一个对象引用）。如果 trackedObject.origin 包含一个对象引用，那么结果将是第一个表达式 trackedObj.origin。如果 trackedObject.origin 不包含对象引用，则第二个表达式 trackedObj.transform.parent 将成为结果。

由于尚未在 SteamVR_Tracked 对象组件中设置备用原点（通过 Inspector 面板），因此此表达式将始终返回 trackedObj.transform.parent 的值，因为 trackedObj.origin 将始终为空。

如果你未来选择以不同的方式使用 SteamVR_Tracked 对象，trackedObj.origin 检查将在这里保证 PickUp 类始终是面向未来的。

现在我们有了向量变换的原点，可以继续计算速度：

```
if (origin != null)
{
    rigidbody.velocity = origin.
TransformVector(myDevice.velocity) * throwMultiplier;
```

作为一种防护措施（即错误是不允许的），对原点进行快速空检查，以确保我们有一个原点转换使用。

接下来，为 rigidbody 变量设定其速度值。rigidbody 变量包含对要拾取的对象上的 Rigidbody 组件的引用—控制器默认情况下没有附加 Rigidbody。

计算对象的速度是通过从 myDevice（myDevice 是对 SteamVR_TrackedObject 实例的引用）获取速度，并将其乘以 throwMultiplier 来完成的。throwMultiplier 是一个浮点型变量，添加在这里只是为了增加一点投掷力度。可以将此值设置为零，这样就仅使用控制器的速度，但我发现不加力度会造成速度感不足——不知道是个人的差异还是因为物理模拟的规模不够，所以这里添加一种让我们在虚拟世界中变得更强大的简单方法。

角速度从局部空间转换为世界空间，以保留比例对其计算的影响：

```
        rigidbody.angularVelocity = origin.
TransformVector(myDevice.angularVelocity);
```

在原点对象上调用实际的 TransformVector 函数，该函数将向量从局部空间转换到世界空间。在前面，已经确保原点是从 SteamVR_Tracked 对象组件或其父对象上派生的。这可确保在此处创建的向量将受到原点变换的正确影响。

如果该原点引用结果为空，那么我们将为该条件添加一个回退语句：

```
        }
        else
        {
                rigidbody.velocity = myDevice.velocity
* throwMultiplier;
                rigidbody.angularVelocity = myDevice.
angularVelocity;
        }
```

上面的速度和角速度都是直接从 myDevice 获取的，没有用 TransformVector 保留任何类型的缩放，因为我们假设控制器（myDevice）是原点对象并且其转换将正确地影响速度。

速度模块的最后一部分是设置最大角速度：

```
        rigidbody.maxAngularVelocity = rigidbody.
angularVelocity.magnitude;
```

在我们拾取的对象上，刚体的 maxAngularVelocity 被设置为其最大角速度的值。这很令人困惑，让我们深入研究一下。

在前面的代码块中，我们设置了刚体的角速度。它可能小于或大于当前设置的最大角速度。这意味着，在下一轮物理计算中，角速度将被限制到最大量。

为了解决这个问题，上面的代码行将最大角速度设置为当前角速度（从前一位代码设置），这样当下一次物理计算完成时，它的限制速度将不会低于应有的速度。注意，此代码是从 Unity 推荐的 FixedUpdate() 函数内部调用的，用于基于物理的更新。如果要从任何其他函数调用此代码，Unity 更新所有内容的命令将发挥作用。由于所有这一切都发生在物理引擎对此更新进行计算之前，通过设置速度，更改最大速度，以及移除 FixedJoint，我们从物理引擎获得正确的结果，并且不受任何在更新期间更改变量的影响。

DropObject() 函数的最后一部分是重置对 theClosestGO 中保存的对象的引用：

```
            theClosestGO = null;
        }
    }
```

通过重置 theClosestGO，告诉该脚本附近没有对象可以拾取。实际上，我们正在切断与刚刚放下的对象的所有联系。然后，其余的代码作为常规步骤的一部分，可以重新填充 theClosestGO。PickUp 类的最后一部分处理 theCloseoseGO 并密切关注那些碰撞，当一个对象在控制器的 SphereCollider 触发区域内时做出反应：

```
void OnTriggerStay(Collider collision)
{
```

只要对象在碰撞区域内部，引擎就会重复调用 OnTriggerStay。进入触发器（碰撞区域）的对象的碰撞器被传递给我们使用的函数。

在 OnTriggerStay 中执行此操作，以便 theClosestGO 将始终包含触发器区域内的对象。因为我们不希望必须将控制器移出对象并返回，例如在触发器释放后重置它，所以当引擎调用 OnTriggerStay 时的每次更新时，保持 theClosestGO 为碰撞区域内部的更新是有意义的。

```
    if (joint == null && collision.gameObject.tag
== grabbableTag)
    {
        theClosestGO = collision.gameObject;
    }
}
```

在上面，我们快速检查一下节点变量是否为空（当变量值为空时，该控制器没有抓取任何东西），然后进行标签检查以确保该对象是允许被抓取的。标签是识别对象的一种很好的、直接的方式。

当上述条件满足时，将 theClosestGO 设置为 collision.gameObject。也就是说：设置为进入球形区域的对象为游戏对象，并首先触发调用的函数。

当前对象离开触发区域时，此类中的最后一个函数帮助重置 theClosestGO：

```
    void OnTriggerExit(Collider collision)
    {
        if (joint == null && theClosestGO != null)
        {
            theClosestGO = null;
        }
    }
}
```

我们发现，当对象离开触发区域我没有重置 theClosestGO 时，即使对象离控制器很远，控制器也可以抓取物体。通过在 OnTriggerExit() 函数中重置 theClosestGO，我们不需要停止引用，并允许其余代码在函数 OnTriggerEnter() 或 OnTriggerStay() 发生时重置 theClosestGO。

此 PickUp 类可以应用于两个控制器，如本章此部分的示例项目中所示。通过正确设置标签，只需添加拾取和抛出 / 放下的对象到自己的世界即可。请记住要正确设置对象和 SphereCollider 组件上的标签。在第 9.3.4 节，将介绍如何向 PickUp 类添加振动，以便向用户提供一些反馈。请记住，示例项目中已经包含反馈代码，并且已将其抽出，便于讲解。

9.3.4 添加触觉反馈

HTC Vive 控制器的一大特色是它能够通过振动提供触觉反馈。这种物理上的反馈可以获得更深入的体验，让人沉浸，为虚拟世界提供额外的连接。用户在虚拟世界中感受到的真实物理反应是他们可以与虚拟空间交互的另一种方式。

你可以通过微妙的振动来突出虚拟世界中的动作，只需添加微小的效果就可以对模拟产生巨大的影响，让观众感受到对象的密度，或让对象感觉起来更真实。本节将继续采用前面拾取和丢弃对象的例子，并添加一些振动反馈。

我们将在上一节的 PickUp 脚本中添加一些反馈。修改过的完整 PickUp.cs 脚本如下：

```
using UnityEngine;

[RequireComponent(typeof(SteamVR_TrackedObject))]
[RequireComponent(typeof(SphereCollider))]

public class PickUp : MonoBehaviour
{
    public string grabbableTag = "GrabbableObject";

    public float throwMultiplier = 1f;
    public float grabRadius = 0.06f;

    public Rigidbody attachPoint;

    SteamVR_TrackedObject trackedObj;
    FixedJoint joint;

    private GameObject theClosestGO;
    private SteamVR_Controller.Device myDevice;

    private bool isBuzzing;
    private float buzzTime;
    private float timeToBuzz;
    private float buzzStrength;
    void Awake()
    {
        // grab references to things we need..
        trackedObj = GetComponent<SteamVR_TrackedObject>
();
        SphereCollider myCollider = GetComponent<Sphere
Collider>();
```

```
        // do a little set up on the sphere collider
to set the radius and make sure that it's a trigger
        myCollider.radius = grabRadius;
        myCollider.isTrigger = true;
    }

    void FixedUpdate()
    {
        myDevice = SteamVR_Controller.Input((int)
trackedObj.index);

        // -------------------------------------------
        // PICKUP
        // -------------------------------------------
        if (joint == null && myDevice.GetTouch(SteamVR_
Controller.ButtonMask.Trigger))
        {
            PickUpObject();
        }

        // -------------------------------------------
        // DROP
        // -------------------------------------------
        if (!myDevice.GetTouch(SteamVR_Controller.
ButtonMask.Trigger))
        {
            DropObject();
        }

    }

    void LateUpdate()
    {
        // the only thing we do in this function is to
see whether or not to make the controller buzz
        // and if we are supposed to do that, we call
TriggerHapticPulse() to make the controller buzz
        if (isBuzzing)
        {
            // increase our timer to keep a track of
buzz timing
            buzzTime += Time.deltaTime;

            // if the buzz is finished, end it below
            if (buzzTime > timeToBuzz)
            {
                isBuzzing = false;
                buzzStrength = 0;
                timeToBuzz = 0;
                buzzTime = 0;
            }

            // do the buzz!
            myDevice.TriggerHapticPulse(500);
        }
    }
```

```
    void PickUpObject()
    {
        // if we found a close object, grab it!
        if (theClosestGO != null)
        {
            joint = theClosestGO.AddComponent<Fixed
Joint>();
            joint.connectedBody = attachPoint;

            // give a little buzz to the controller to
register the pick up
            DoBuzz(1, 0.2f);
        }
    }

    void DropObject()
    {
        // this function destroys the FixedJoint
holding the object to the controller and resets
theClosestGO
        if (joint != null)
        {
            // if we already have grabbed something,
we keep it locked to the controller
            var go = joint.gameObject;
            var rigidbody = go.GetComponent<Rigidbody>
();
            DestroyImmediate(joint);
            joint = null;

            var origin = trackedObj.origin ?
trackedObj.origin : trackedObj.transform.parent;
            if (origin != null)
            {
                rigidbody.velocity = origin.
TransformVector(myDevice.velocity) * throwMultiplier;
                rigidbody.angularVelocity = origin.
TransformVector(myDevice.angularVelocity);
            }
            else
            {
                rigidbody.velocity = myDevice.velocity
* throwMultiplier;
                rigidbody.angularVelocity = myDevice.
angularVelocity;
            }

            // make sure that our max velocity is not
less than the speed of the controller (we want the
object to
            // match the velocity of the controller,
right?)
            rigidbody.maxAngularVelocity = rigidbody.
angularVelocity.magnitude;
```

```
        // reset the reference in theClosestGO
        theClosestGO = null;
        }
    }


    void OnTriggerStay(Collider collision)
    {
        // if the controller is inside an object, we
still want to be able to grab it so we keep theClosest
GO set OnTriggerStay
        if (joint == null && (collision.gameObject.tag ==
grabbableTag))
        {
            theClosestGO = collision.gameObject;
        }
    }

    void OnTriggerExit(Collider collision)
    {
        // before removing this from the 'possible to
grab' theClosestGO var, we check that it is the
current one
        if (joint == null && theClosestGO != null)
        {
            theClosestGO = null;
        }
    }

    void DoBuzz(float strength, float time)
    {
        timeToBuzz = time;
        buzzStrength = strength;
        isBuzzing = true;
    }
}
```

修改 PickUp 类以带有反馈

对于振动，我们在脚本的开头添加一些额外的变量：

```
private bool isBuzzing;
private float buzzTime;
private float timeToBuzz;
private float buzzStrength;
private float targetBuzzStrength;
```

我将在后面的代码里说明这些变量。PickUp 类的下一个补充是 LateUpdate() 函数。LateUpdate() 函数在每个更新周期结束时由游戏引擎自动调用，在此处引入它以监控控制器是否应该发生振动。

要使控制器发出振动的"嗡嗡"声，我们需要在 SteamVR_Controller.Input 类的实例中访问 TriggerHapticPulse() 函数。

我们在名为 theDevice 的变量中保存对此控制器实例的引用。此代码中的 TriggerHaptic-Pulse() 函数采用以微秒为单位的单个参数，即百万分之一秒。该函数被设计为在振动的持续时间内重复调用，这使代码变得有些复杂，因为需要构建我们自己的定时器系统。这就是在 LateUpdate() 函数中所做的：

```
void LateUpdate()
    {
        if (isBuzzing)
        {
```

isBuzzing 变量是一个布尔值，只要我们希望控制器振动，它就会设置为真。在脚本的下方可以看到它在 DoBuzz() 函数中的位置，但现在只需要它在我们需要控制器振动时为真就行。

```
            // increase our timer to keep a track of
buzz timing
            buzzTime += Time.deltaTime;
```

我的定时器代码是通过将 deltaTime（现在这一帧与前面一帧之间的时间）添加到名为 buzzTime 的变量上来工作的。只有当 isBuzzing 的值为真时才会添加这个，这意味着它可以作为一个时钟，我们可以检查它，以查看控制器的嗡嗡声持续了多长时间：

```
// if the buzz is finished, end it below
if (buzzTime > timeToBuzz)
{
    isBuzzing = false;
    buzzStrength = 0;
    timeToBuzz = 0;
    buzzTime = 0;
}
```

timeToBuzz 设置在另一个函数中（后面代码中的 DoBuzz() 函数），包含我们希望振动继续的时间量。在上面，将计时器 buzzTime 与 timeToBuzz 进行比较，以了解何时应该结束蜂鸣声。如果经过的时间超过 timeToBuzz 中显示的时间，isBuzzing 的值将设置为假，而用于振动的其他值也将清零。

最后，制作一个蜂鸣声：

```
        myDevice.TriggerHapticPulse(500);
    }
}
```

myDevice 包含一个名为 TriggerHapticPulse() 的函数。在本节开头已经简要提到了这一点以便你明白为什么要构建计时器系统。也就是说，TriggerHapticPulse() 函数采用单个参数，该参数以微秒（即百万分之一秒）为单位。由于我们将重复调用每个 LateUpdate() 函数直到计时器达到 timeToBuzz，这里将时间量设置为 500，这样，在它下一次被调用之前，足够让我们感受到控制器的振动。但如果你发现振动的程度或频率有任何问题，你可以随时返回此处并根据需要尝试不同的值。

在类的底部，是一个名为 DoBuzz() 的函数。它在这里只是提供一种简单的方法来设置使我们的振动发生的变量：

```
void DoBuzz(float strength, float time)
{
    timeToBuzz = time;
    buzzStrength = strength;

    isBuzzing = true;
}
```

上面的函数使控制器在需要振动时变得简单易行。不用每次都处理变量，而是通过调用 DoBuzz(< 振动强度 >，< 持续时间以秒为单位 >) 来实现振动。

9.4 SteamVR 交互系统实现用户界面

在 SteamVR 库的 1.2 版本之后，Valve 提供了一种使用 Vive 控制器的巧妙方式，并开放了所有源代码。在本节中，我们将使用 Unity 的 GUI 系统构建一个非常简单的界面，然后将其设置以使用交互系统，这样就可以使用 Vive 控制器的界面。这些都没什么难点，都是基础知识。

9.4.1 创建新项目并导入 SteamVR

创建一个新的 Unity 项目并导入 SteamVR 库，跟在第 3 章中所做的一样。

9.4.2 创建新场景并添加 Player 预设体

点击 File 菜单下的 New Scene 以创建一个新场景。

在 Hierarchy 面板中，找到摄像机并右键单击它以显示游戏对象菜单，点击删除把它删除掉。

在项目浏览器中，找到 SteamVR 下面的 InteractionSystem 下面的 Core 中的 Prefabs 文件夹。在该文件夹中，找到一个名为 Player 的对象。

将该预设体拖出项目浏览器并将其放入 Hierarchy 面板中。

9.4.3 制作简单的 UI 画布与按钮

右键单击 Hierarchy 面板中的空白区域，然后选择 UI 下面的 Canvas。画布需要进行一点设置（图 9-4）。在 Hierarchy 面板中选中画布后，在 Inspector 面板中设置以下参数：

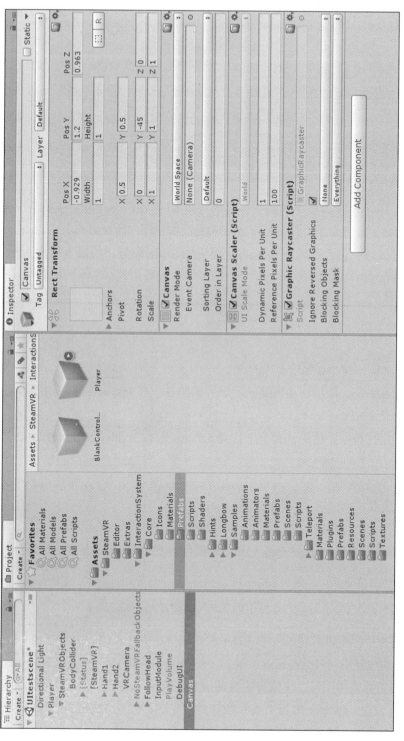

图 9-4　将画布设置到世界空间，以便在 VR 中显示

X: −0.93
Y: 1.2
Z: 0.96
Width: 1
Height: 1
Pivot X: 0.5
Pivot Y: 0.5

Rotation:

X: 0
Y: −45
Z: 0

右键单击 Hierarchy 面板中的画布，然后选择 UI 下面的 Button。按钮会出现，但按钮很可能是巨大的！我们需要在 Inspector 面板中更改按钮比例属性以缩小它。

单击按钮以选中它，然后在 Inspector 面板的 Scale 部分，将以下值输入到 Transform 组件中：

X: 0.005
Y: 0.005
Z: 0.005

现在，按钮应该缩小到比较合理的尺寸。

要使用交互系统，该按钮还需要一个额外的组件。在 Inspector 面板中，向下滚动滚轮直到看到添加组件按钮。

单击添加组件按钮，然后从菜单中选择 Scripts 下面的 Valve.VR.InteractionSystem 下面的 Interactable。

SteamVR 系统将使用 Unity 的碰撞系统来确定控制器何时与按钮接近或相交。为实现这一点，按钮需要添加标准 Unity 碰撞体。

再次单击添加组件按钮，从菜单中选择 Physics 下面的 Box Collider。

在 Inspector 面板中，找到 Box Collider 组件并更改其 Size 参数：

X: 160
Y: 30
Z: 30

在场景面板中，可以看到 Box Collider 现在环绕在按钮周围。Box Collider 所覆盖的区域将是控制器位于其中时激活按钮的区域。

为了使按钮的效果明显，应该将明亮的颜色调得暗一点。但是，在默认情况下，它会被设置为白色。在 Inspector 面板中找到按钮组件，然后点击 Highlight Color 旁边的选框。从颜色选择器中选择一种漂亮的深色，如漂亮的红色。

9.4.4　VR 运行

在 Unity 编辑器中点击播放，打开 Vive 控制器，然后跳转到按钮界面。将一个 Vive 控制器伸出，使其位于 Box Collider 区域内，这时按钮会以之前从 Inspector 面板中选择的颜色来显示。

这是使用标准 Unity UI 组件和 SteamVR 的简单方法！可以在常规 Unity 游戏中使用完全相同的方式构建 UI。只要添加 Interactable 组件和 Box Collider，交互系统就会定期触发 Unity 的 UI 标准函数。

9.5　利用 Vive 控制器实现虚拟世界的传送

从 1.2.0 版本开始，SteamVR Unity 包就包含了使用控制器为游戏添加传送所需的一切，还有一条弧线来显示传送的位置，以及一个很酷的覆盖图，显示它可以传送到的位置。这还不是全部，它还处理了输入（按下触摸板的顶部），并有传送音效！

9.5.1　创建新项目并导入 SteamVR

在 Unity 中创建一个新项目并导入到 SteamVR 库（完整的过程请参阅第 3 章）。

9.5.2　创建新场景并添加一个 Player 预设体

通过菜单 File 下面的 New Scene 创建一个新场景。

在 Hierarchy 面板中，找到摄像机并右键单击它以显示游戏对象菜单。选择删除将它删除掉。

在项目浏览器中，找到 SteamVR 下面的 InteractionSystem 下面的 Core 中的 Prefabs 文件夹。在 Prefabs 文件夹中，找到一个名为 Player 的对象。Player 预设体是在本书其他地方看到的 [CameraRig] 设置的替代品。此预设体不仅包含 SteamVR 摄像机，还包含 Vive 特定的组件，以便快速启动虚拟世界交互。

将 Player 预设体拖出项目浏览器并放入 Hierarchy 面板中。可以回想一下上一节的相关内容，Player 预设体是在本书其他地方使用的 [CameraRig] 设置的替代品。我们需要用这个设置来像 SteamVR 制造者那样使用传送系统。

现在有了玩家装置，还需要添加代码以允许传送。在项目浏览器中，找到 SteamVR 下面的 InteractionSystem 下面的 Teleport 中的 Prefabs 文件夹。

在 Prefabs 文件夹中，把 Teleporting 预设体拖出项目浏览器并放入 Hierarchy 面板中的空白区域，以将其添加到场景中。

可能难以置信，但这就是使用 Vive 控制器实现传送我们需要做的所有。下一步是告诉传送系统我们要传送到哪里。

右键单击 Hierarchy 面板中的空白区域以显示菜单。从菜单中选择 3D Object 下面的 Plane。

在 Hierarchy 面板中，可以看到新的 Plane 游戏对象出现。单击 Plane 以选中它，然后在 Inspector 面板中单击添加组件按钮。

从组件菜单中，选择 Scripts 下面的 Valve.VR.Interaction System 下面的 Teleport Area。

传送区域组件将负责更换平面并告诉 SteamVR 我们使用它来确定其是一个能够被传送器使用的区域。它还会隐藏平面并更改播放期间在场景中的显示方式。为此，当你在自己的虚拟世界中使用此系统时，你应该添加与你的世界完全分离的平面以预先提供它。

基本上，我们很顺利。也就是说，当我构建这个例子时，我在几个地方添加了立方体，以便我在场景中有一些视觉参考点来移动。

将立方体添加到场景中。右键单击 Hierarchy 面板中的空白区域，然后选择 3D Object 下面的 Cube。

单击 Hierarchy 面板中新建的 Cube 游戏对象。在 Inspector 面板中，将 Transform 部分的位置值更改为：

Position:
X: 3.14
Y:
Z:

9.5.3　测试

戴上头戴式显示器，拿起控制器，然后开始体验。在虚拟世界中，按住触摸板以显示传送弧。当指向一个安全的传送点时，传送弧将以绿色显示，当指向一个不允许传送的区域时，弧线则显示为红色。试着指向立方体的侧面，然后再指向地面，看看允许和不允许的传送区域上弧线的差异。传送脚本将自动计算传送路径上的任何标准 Unity 碰撞体，并且不允许在任何障碍物的顶部或内部传送。

9.6　本章小结

在本章中，我们主要研究 Vive 控制器的使用方法。首先，研究如何拾取和移动对象，并建立一个可重复使用的拾取和放下的类。然后，继续了解如何使用触觉反馈系统来为体验添加更多的物理交互。之后，使用 SteamVR 交互系统让 Vive 控制器运行标准 Unity UI。最后，我们开发了 SteamVR 传送系统。

　　这里只是简单介绍这些控制器可以做什么，你还可以使用控制器做更多的事情。用本章提及的规则，继续制作不仅易于使用，而且可以无缝融入虚拟世界的控件。无论是将控制器图像更改为手、爆破器还是其他任何东西—都要保持一种沉浸感在你的脑海中，不要走错路。

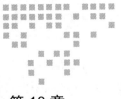

Chapter 10 | 第 10 章

手势输入系统

这里有一些开发方案可以使用手作为虚拟世界的控制系统。

10.1　Leap Motion VR

Leap Motion 是一种将手和手势控制引入计算机的设备。随着 VR 的不断发展，它越来越受欢迎，越来越多的开发人员喜欢使用 Leap 作为 VR 的输入方法。不久之后，Leap Motion 就开始自己解决这些问题了，首先允许设备以适合 VR 的"面向前"方向工作，然后构建自己的代码库以帮助开发人员进行交互。

在本节中，我们将获取示例项目并向其添加正确的 Leap 相关库以使其工作。示例项目是一个简单的钢琴键盘（图 10-1），你可以用手去弹奏。没有什么特别复杂的，我们快速浏览一下检测按键和播放声音的脚本，主要重点是添加库以使用 Leap Motion 快速启动和运行。

早期的基于手与虚拟对象的交互很麻烦，甚至有些困难，因为开发人员试图将物理模拟与人类的期望相结合。例如，在地面上接触一个对象并抓住它，只有当对象确实存在时才会起作用。在虚拟世界中这样做通常会导致对象被推入地面网格，或被推到远处，因为物理引擎试图修正碰

图 10-1　Leap Motion 钢琴示例

撞。另一个例子可能是把一个对象抓得更紧以把它捡起来，这样会导致手指进入虚拟世界的对象里面，也会造成不良后果。

　　Leap Motion 意识到了这一点，并用一种非常巧妙的方式解决了这些问题。Leap 现在有专门为 Leap Motion 设计的库，称为交互引擎。交互引擎是一个存在于 Unity 和现实物理手之间的层。为了使与对象的交互以满足人类期望的方式工作，它实现了一套替代的物理规则，当用户的手嵌入到虚拟对象中时，这些物理规则就会接管。这在现实中可能是无法实现的，但它们能让人感到更满意，也更容易使用。

10.1.1　Leap Motion VR 安装套件

　　虽然可以使用 USB 线和一些大头钉完成相同的工作，但 Universal VR Mount 是将 Leap 设备连接到头戴式显示器的最佳方式（图 10-2）。Leap Motion VR 安装套件包含一根 USB 2.0 线缆，可以将 Leap Motion 与 PC 的距离延长至 15 英尺（1 英尺 =0.3048 米）左右，它还

包含一个巧妙的弯曲轨道安装件，以及一些定制的 3M 黏合剂，可以将它安全地粘在头戴式显示器上。

　　当我用 DIY 粘贴方法时，设备一直从我的头戴式显示器上脱落，我最终不得不把它咬在嘴里。这既危险又非常愚蠢（好像我们从头戴式显示器中看起来还不够傻似的），所以不推荐 DIY 粘贴。Leap Motion 是一款出色的设备，但我可以告诉你它并不是万能的。如果可以，请订购 Universal VR Mount。

图 10-2　VR 安装套件提供一种合适的方式将 Leap Motion 设备附加到头戴式显示器

10.1.2　下载 Leap Motion Orion 驱动程序和软件

　　在开始体验之前，需要下载 Leap Motion Orion 软件。这是基于桌面的原始 Leap Motion 的替代软件集—如果已经安装了桌面软件，那么在继续之前请将它卸载。

　　请前往网址 https://developer.leapmotion.com/get-started，并点击绿色下载按钮。完成下载后，运行安装程序，安装必要的驱动程序和 Leap Motion 控制面板应用程序，它将位于任务栏中以显示设备的当前状态，并使用户可以随时访问配置等。插入 Leap Motion 的 USB 线，一旦将 Leap 设备安装到头戴式显示器的前部，该软件将负责 Leap 设备和方向的更改。成功安装后，可以在 Windows 任务栏中看到一个新图标，外观看起来像一个绿色的飞行设备。

10.1.3 连接头戴式显示器测试 Visualizer

将 Leap Motion 连接到头戴式显示器上（使用大头钉或 Universal VR Mount），右键单击 Windows 任务栏中的新 Leap 图标，从菜单中选择 Visualizer。第一次使用时，会带来非常疯狂的体验。Leap Motion 设备的工作方式类似于安装在 VR 头戴式显示器前部的摄像机。双手放在头戴式显示器前面，以便在摄像机镜头中看到它们。在几秒钟内，手和手臂的骨架将显示在摄像机镜头上（图 10-3）。这就是 Leap Motion 正在跟踪的内容。

图 10-3　Leap Motion 可视化工具显示 Leap 的视图和被跟踪的两只手

现在你可以假装拥有曾经梦寐以求的机械手了！

当你对这款可视化工具体验完美（这个演示在很长一段时间内都让我感觉很有意思）时，就可以准备下载开发所需的 Unity 库了。

10.1.4 下载 Leap Motion Unity 插件资源包

Leap Motion 提供了大量资源和示例代码供我们使用。我们将在这个示例项目中使用 Leap Motion 交互引擎和 Hands Module（只是为了好玩）。

为了能够使用头戴式显示器前的设备，我们需要从 https://developer.leapmotion.com/ unity 获取用于 Leap Motion Orion 的 Unity 资源（下载 Unity Core 资源的大绿色按钮）。这是与设备通信需要的内容，但交互引擎是一个单独的代码库，旨在使交互更容易。

从主下载链接下方的 Add-on Modules 部分获取 Leap Motion 交互引擎文件。向下滚动滚轮找到 Leap Motion 交互引擎并下载文件。

10.1.5 为交互引擎与 Leap Motion 设置 Unity 项目

打开 Unity，找到并打开本节的示例项目。找到上一节下载的 Unity 资源（Leap Motion

Orion SDK)，该文件是一个 Unity 压缩包文件，包含需要的所有内容。双击它，Unity 就会将文件直接提取到项目中，它会在 Unity 中要求确认，所以点击 OK 让 Unity 导入。

接下来，找到 Leap Motion 交互引擎的 Unity 压缩包并双击该文件，以便 Unity 将其提取到项目中。在导入两个压缩包文件后，项目已经包含 Leap Motion 工作需要的所有内容，但仍需要获取 SteamVR 库。

请注意，在 developer.leapmotion.com/unity 页面的附加软件包部分还有一些很酷的附加功能，例如手和触摸 UI 预设体。这值得摸索，并用于后面的项目中！

从 Unity 资源商店导入 SteamVR 包。如果已经从资源商店下载了 SteamVR，则只需要在 Valve 更新文件时重新下载它，可以从 Unity 的缓存文件夹中手动删除它们，或者重新安装系统并清除文件。Unity 应该只是从硬盘驱动器中获取并导入它们而无须重新下载。在点击确认框后，让 Unity 导入它们，就可以开始工作了。

10.1.6 在虚拟世界中实现

打开示例场景，将 Leap Motion 手部添加到 Vive 摄像机装置上，这个工作可以相对快速且轻松地完成。作为 Leap Motion 库一部分的 LMHeadMountedRig 预设体包含为模拟添加手部支持所需的一切，但它的设置是假设用户将使用 Unity 对 VR 的内置支持而不是 SteamVR 库。我们还需要做一些工作才能让它与 SteamVR 摄像机完美运行。

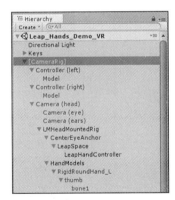

在项目浏览器中找到 SteamVR 文件夹，打开它并查看 Prefabs 文件夹。将 [CameraRig] 预设体拖出并放入 Hierarchy 面板中的空白区域，这样就将 [CameraRig] 添加到当前场景。

在 Hierarchy 面板中，找到 [CameraRig] 旁边的小箭头，按住键盘上的 ALT 键并单击箭头。这可以展开 [CameraRig] 游戏对象下的所有子对象（图 10-4）。在通常情况下，如果只单击箭头，它仅展开以显示隐藏线下的部分内容，按住 ALT 键则可以展开其下方的所有内容。在里面找到 Camera（head）游戏对象。

图 10-4 按住 ALT 键来并单击小箭头来显示游戏对象下面的所有子对象

找到 Leap Motion 下面的 Prefabs 文件夹，把 LMHeadMountedRig 预设体拖入场景中，将它置于 Camera（head）对象之上，成为其子对象。

接下来，展开 LMHeadMountedRig 以显示其子对象 CenterEyeAnchor。我们需要删除音频监听器，因为 SteamVR 将处理音频接收。单击 CenterEyeAnchor，然后在 Inspector 面板中查找音频监听器组件。右键单击音频监听器，然后选择移除组件。

接着，我们还需要删除摄像机组件，因为 SteamVR 也能够处理摄像机。在 Inspector 面板中右击摄像机，选择移除组件。

在场景中已经有一架钢琴了，现在可以带上头戴式显示器，在 VR 场景中尝试弹奏钢琴。

这就是为 VR 设置 Leap Motion 所需的一切，在下一节中我们将看看钢琴琴键是如何检测手指的敲击的。

10.1.7　钢琴按键编程

在这个例子中，Leap Motion 使用的手是由一个被操纵的模型（用以常规角色模型相似的方式操纵）、刚体和碰撞体组成。当你移动手指时，碰撞体会移动，提供你的手指和虚拟世界之间的碰撞。由于它们是常规碰撞体组件，其他刚体将对碰撞做出反应，我们可以使用标准的 Unity 函数（如 OnTriggerEnter、OnTriggerStay 和 OnTriggerExit）来检测交互点。

对于钢琴这个例子，这里使用 OnTriggerEnter 函数，这样就不会出现手指推倒或移动琴键的问题。

琴键动作的完整脚本如下：

```
using UnityEngine;

using System.Collections;

[RequireComponent (typeof(AudioSource))]

public class KeyTrigger : MonoBehaviour {

    private bool locked;
    private AudioSource mySrc;
    private Transform myTR;

    void Start()
    {
        mySrc = GetComponent<AudioSource>();
        myTR = GetComponent<Transform>();
    }

    void Update()
    {
        Vector3 tempVEC = myTR.localPosition;
        if(mySrc.isPlaying)
        {
            tempVEC.y = -0.4f;
        } else
        {
            tempVEC.y = 0;
        }
        myTR.localPosition = tempVEC;
    }

    void OnTriggerEnter ( Collider collision )
    {
```

```
            if ( locked )
                return;

            mySrc.Play();
            locked = true;
            CancelInvoke("Unlock");
            Invoke("Unlock", 0.25f);
        }

        void OnTriggerStay(Collider collision)
        {
            if ( !mySrc.isPlaying )
            {
                mySrc.Play();
                locked = true;
            }
        }

        void Unlock()
        {
            locked = false;
        }

    }
```

脚本分解

脚本的开头是：

```
using UnityEngine;
using System.Collections;

[RequireComponent (typeof(AudioSource))]
```

在上面的代码中，标准的 Unity 包后面跟着 RequireComponent 语句。RequireComponent 语句的功能是检查这个脚本的游戏对象是否有一个音频源组件附加到它上面。如果没有被附加，它将自动添加。

接下来是类自身：

```
public class KeyTrigger : MonoBehaviour {

    private bool locked;
    private AudioSource mySrc;
    private Transform myTR;

    void Start()
    {
        mySrc = GetComponent<AudioSource>();
        myTR = GetComponent<Transform>();
    }
```

三个变量的作用分别是：一个保存对音频源的引用，一个保存对变换组件的引用，还有一个布尔型变量，保存关于琴键是否被锁定的引用。我们在按下琴键后短时间将琴键锁定，以避免当手或手指停留在碰撞体触发区域内时重复调用。

Start() 函数只是设置这些引用，使用 GetComponent 来查找脚本中附加到相同游戏对象的音频源和变换组件。

接下来是 Update() 函数，提示：Update() 函数由 Unity 在每一帧时自动调用。

```
void Update()
{
    Vector3 tempVEC = myTR.localPosition;
    if(mySrc.isPlaying)
    {
        tempVEC.y = -0.4f;
    } else
    {
        tempVEC.y = 0;
    }
    myTR.localPosition = tempVEC;
}
```

Update() 函数的功能是更新琴键的位置，因此，每当琴键的音频播放时，琴键看起来就像被按下似的。

tempVEC 保存当前位置，取自 myTR 中缓存的变换。由于无法直接设置 x、y 或 z 值，我们需要提取整个向量然后修改它并将值复制回函数末尾的变换组件。

这个条件语句要求 mySrc（音频源）报告它的 isPlaying 属性为真。每当音频源播放其音频片段时，isPlaying 将返回真。如果 isPlaying 为真，我们将 tempVEC 的 y 值设置为 –0.4f，这是我通过反复试验得出的任意值。将琴键当前位置的 y 值设置为 –0.4 将使其看起来好像已经被按下。

上面的条件语句跟着一个 else 语句—每当 isPlaying 值不为真时，tempVEC 的 y 值设置为 0。这会将琴键放回原来的 y 位置，使其看起来好像手指离开，琴键复原。

在条件语句之后，变换（myTR）将其当前位置更新为 tempVEC，以反映我们对其 y 位置所做的更改。

要实际检测手在键上的敲击，我们使用 OnTriggerEnter：

```
void OnTriggerEnter ( Collider collision )
{
    if ( locked )
        return;
```

当检查 isTrigger 值时，在碰撞体组件（例如盒子碰撞体、球体碰撞体或类似物）上，Unity 引擎将自动调用我们可以进入的函数，以告知碰撞体何时进入触发区域。在上面的语句中，我们获取了当碰撞体首次进入触发区域时将进行的调用。引擎也以碰撞体类型参数的形式传递有关碰撞的一些信息。实际上我们并没有使用这些信息，但我们需要确保该函数与 Unity 期望找到的格式相匹配，否则 Unity 可能会报错。

当手首次进入触发区域时，我们需要做的第一件事就是确保琴键没有被锁定。在上面的代码中，我们从检查 locked 是否为真开始。如果 locked 为真，则只需使用 return 语句退出函数，而不运行任何代码。

现在我们知道琴键没有被锁定，则下面的代码可以开始工作，播放音频：

```
mySrc.Play();
locked = true;
```

你可能还记得 mySrc 包含对与此脚本相同的游戏对象附加的音频源的引用。在场景中，已经通过 Inspector 面板设置了音频源组件将使用的音频剪辑。每个琴键播放不同钢琴音符的声音样本。我制作的第一个版本只使用了一个声音，我试图设置音高来改变音符。当尝试去完全上下调整音高以获得不同琴键的音符时，我发现这样做（每个音符有一个声音样本）会更快，并且声音可能听起来更好，因为没有音调变化。要播放音频，只需简单调用音频源的 Play() 函数即可。

音频播放后，将 locked 设置为真，这样在短时间内不会重复调用。要解锁琴键，只需稍后将 locked 设置为假即可。这个工作靠同一个类中名为 Unlock 的函数来实现，通过 Invoke 命令调用它：

```
        CancelInvoke("Unlock");
        Invoke("Unlock", 0.25f);
}
```

在上面的代码中，你可能疑惑为什么要调用 CancelInvoke。因为基于变量被锁定的状态，不太可能或者根本不可能重复调用 Unlock—这纯粹是习惯使然。我更喜欢在 Invoke 语句之前使用 CancelInvoke，因为我只希望安排一个调用。它的存在纯粹是为了安全，即使在这一点上它可能是不必要的。我使用短语"在这一点上"，因为验证代码总是有好处的。通过覆盖这个 Invoke 语句，我知道在将来这个函数可能会改变，但是这里 Invoke 调用的方式总是安全的。

实际的安排调用是上面 OnTriggerEnter() 函数的最后一部分。Invoke 有两个参数，首先是我们想要调用的函数，然后是需要调用它的时间（以秒为单位）。当另一个碰撞体进入触发器时，该语句将使 Unlock() 函数在 0.25 秒后被调用。

除了获取触发器的输入调用之外，如果碰撞持续发生，我们将保持音频持续播放（循环）。持续的碰撞将导致每次更新都调用 OnTriggerStay：

```
void OnTriggerStay(Collider collision)
{
    if ( !mySrc.isPlaying )
    {
        mySrc.Play();
        locked = true;
    }
}
```

如果触发器继续与另一个碰撞体交互（手指按下一个琴键），那么我们只要在当前音频停止时做出反应。如果当前音频停止，只需要在音频源上调用 Play() 函数以使其再次运行。

上面的代码块从检查 mySrc 的 isPlaying 值是否为假开始。如果为假，则 mySrc.Play() 函数将重新启动音频。在相同条件下，locked 被重置为真。

代码的最后部分是解锁琴键：

```
void Unlock()
{
    locked = false;
}

}
```

上面 Unlock() 函数只是将 locked 设置为假。你应该有印象，前面在 Invoke 函数中安排调用过 Unlock。

10.1.8　潜在问题

我遇到的唯一问题是太小的对象无法触发触发器函数—Unity 5.4 似乎不支持两个非常小的碰撞体注册。不知道为什么会出现这种错误，希望在将来的版本中能够解决这个问题。它也许是手指碰撞体，也许是 Unity 库，或者是 PhysX，总之有很多地方都可能出现这个问题。如果你遇到了任何类似的问题，并且需要使用触发器，那么你需要让对象稍大一些，以便正确地注册碰撞体。

如果遇到追踪方面的问题，请找到 Leap Motion 任务栏图标并使用 Visualizer，确保在 Unity 之外一切都正常工作。可能需要重新校准设备，这也可以通过 Leap Motion 任务栏应用程序完成。

10.2　Noitom 感知神经元动作捕捉

感知神经元（Perception Neuron）是使用称为神经元的单个传感器的前沿动作捕捉技术。神经元（Neuron）包含一个带有陀螺仪、加速度计和磁力计的惯性测量装置（IMU）。神经元放置在身体周围需要捕获动作的区域，例如腿部、手臂或手指，然后输入通过 WiFi 或 USB 发送到 PC。

2014 年 8 月，众筹网站 Kickstarter 上发布了感知神经元。2016 年，感知神经元动作捕捉套装作为一种低成本、高质量的方法在 3D 动画行业中被广泛采用，用于捕捉 3D 动画的移动。随着 VR 技术席卷世界，一些开发人员尝试将 Neuron 系统作为 VR 的输入方法。Noitom 意识到了这种技术的发展潜力，他们正在开发一种叫做指尖投射（Project Fingertip）的方法，它将向什么方向发展值得关注。

在手部跟踪方面，在本节中示范的例子相对简单。基于神经元的手套的房间规模跟踪方法已经超出了本章的范围，因为在虚拟世界中捕获方向与头戴式显示器方向不同，需要一些非常复杂的数据传输。我在这里展示的例子只是一种非常简单的方法，可以将实时信息输入 Unity 以实现我们的目的。在本章的后面部分，我还将介绍全身套装，并在理论上说明如何使用它来实现工作，但只是一种方法，而不是最终的解决方案。

10.2.1　下载和安装

1）安装 Axis Neuron

从网址 https://neuronmocap.com/downloads 下载 Axis Neuron 标准文件。

这里面包含一个名为 Axis Neuron 的应用程序，可以使用它来让 PC 与硬件通信。

2）设置动作捕捉套装

程序设置根据你想要使用的神经元数量会有所不同。可以使用几个或多个，具体取决于我们想要身体多少部分的动作捕捉。拥有完整的动作捕捉套装是理想的情况，因为可以移动整个身体，但这里只是简要说明，我将在本书中只使用单手进行演示。

用特殊装置来提供神经元以保护它们免受物理损坏和磁化。要始终保持神经元远离强磁场，因为如果它们被磁化，神经元可能被去磁并需要重新校准，这种情况肯定是要避免的（图 10-5）。

图 10-5　感知神经元（当神经元位于保护套外时，必须非常小心地对其进行操作）

穿戴：感知神经元可以使用 WiFi 或 USB。对于 USB 模式，在集线器（Hub）之上有一个 USB 端口，通过 USB 线缆连接到 PC。集线器上的较低 USB 端口仅用于供电。集线器的底部是一个小插头，用于将主电缆连接到捕捉套装中。

集线器背面有一个小皮带夹，用它将集线器附加到皮带上或类似的地方。

将神经元插入手套（图 10-6）和身体绷带上。

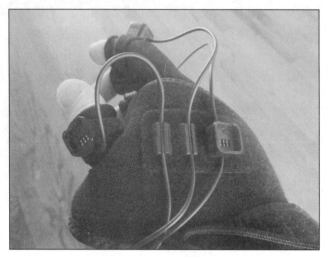

图 10-6　在套装和手套的不同位置插入神经元的小外壳

一旦套装全部启动并准备就绪，请通过 USB 线缆将 Hub 连接到计算机并启动 Axis Neuron 软件。

打开 Axis Neuron：Axis Neuron 主界面在连接时将显示骨架，而如果尚未建立连接，则显示空的环境（图 10-7）。Axis Neuron 应用程序用于捕捉运动，但需要对其进行设置，以便 Unity 能够获得硬件的输入。

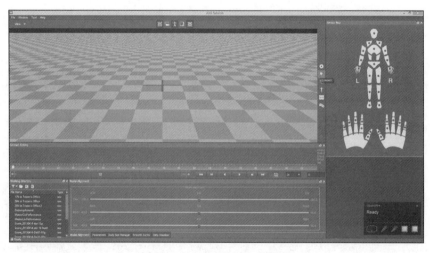

图 10-7　Axis Neuron 主界面

应用程序必须首先连接到硬件。要连接到硬件，请单击主窗口右侧配置工具栏图标中的连接按钮（图 10-8）。注意，所有图标都有工具条提示，如果不确定某个图标的用途，请将鼠标悬停在它上面 2 秒钟，然后会出现提示，告诉你它是做什么的。

　　建立连接后，就可以在主窗口中看到骨架。它可能会随你移动而移动，但你还需要进行校准，以确保它与你的动作正确匹配。

　　在 Axis Neuron 程序中，找到主窗口右侧配置工具栏上的骨架（Skeleton）图标，单击它以显示校准窗口。如果已经校准了系统，则不需要在每次启动应用程序时都进行校准，因为会存储最后一次设置。先预览整个骨架，试着移动和屈曲，看看它的外观变化。如果预览完骨架并且看起来没问题，则不需要再重新校准。一般只有当你看到动作中的故障或错位时才需要进行重新校准。但是，对于要求绝对准确性的，则应该经常进行校准，以避免任何磁干扰或神经元的变化。

图 10-8　Axis Neuron 配置工具栏

　　接下来，我们需要告诉 Axis Neuron 希望它发送 Unity 可以接收的传输数据。单击 File 下面的 Settings，再单击窗口左侧的传输（Broadcasting），找到 BVH 部分并选中勾选为启用，其他设置保持默认状态。关闭设置窗口，但让 Axis Neuron 在后台保持打开状态。Axis Neuron 应用程序将与神经元进行通信，并将信息转发到 Unity 将读入的实时数据流中。我们需要让 Axis Neuron 保持打开状态，以便将动作捕捉数据传输到我们的虚拟世界里。

10.2.2　运行示例项目

　　在本章的示例项目中，包含了一些可以按下的小按钮。旋转是被锁定的，类似于一个机械手在车辆内部，这是一个有趣的小例子。

　　它的工作方式是将一个小立方体（图 10-9）附加到右臂的食指上。

　　当立方体的碰撞体进入按钮时，按钮脚本会检测到它并生成一个对象。这是一个非常简单的例子，但可以很容易扩展它并添加交互到更多身体部位。

　　由于手臂处于断开状态，因此摄像机装置并不理想，但如果拥有完整的感知神经元套装，则可轻松追踪整个身体。在下一节中，我将演示如何在空项目中设置摄像机。

10.2.3　设置 Unity 项目

　　确保在后台运行 Steam 和 SteamVR。可以通过单击右上角的 VR 图标随时从 Steam 客户端内部启动 SteamVR。

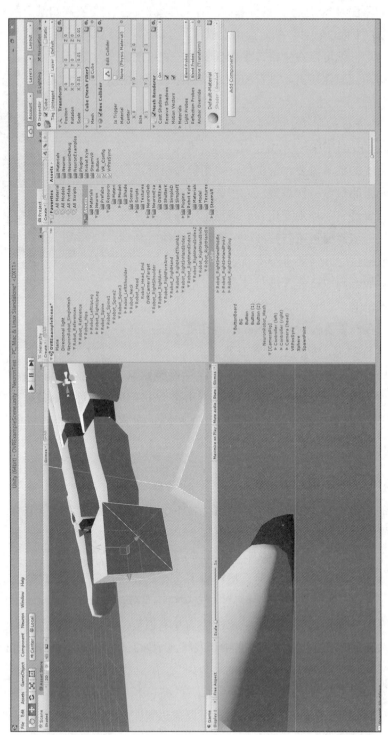

图 10-9　一个附在食指上的小方块，可以作为按钮的触发器

如果尚未下载 Perception Neuron Unity SDK，请立即从 https://neuronmocap.com/software/ unity-sdk 下载文件。

打开 Unity 并创建一个新项目（可以用你喜欢的方式命名它，可以是 NeuronTest，只要你能记住就没什么问题！）。

将 Perception Neuron.zip SDK 文件解压缩到一个你可以轻松找到的文件夹中，然后在 Windows 文件浏览器中打开它。这里有一个名为 PerceptionNeuronUnityIntegration.unitypac-kage 的文件，双击此文件，Unity 就可以打开它。

然后，可以在 Unity 的项目浏览器中看到许多文件夹，找到 Scenes 文件夹并双击里面的 TestNeuron 场景。

场景视图会显示两个骨架。点击播放按钮以预览场景，可以看到骨架是否匹配你的动作。

完成骨架预览后，我们需要从 Unity 资源商店下载并安装 SteamVR 库。

单击菜单 Window 下面的 Asset Store，然后在搜索栏中输入 SteamVR。单击搜索结果中显示的 SteamVR 项，然后下载它，并将 SteamVR 库导入项目。期间会弹出 SteamVR 设置窗口，提示某些设置需要更改（使用默认设置），选择全部接受。

在项目浏览器中，找到 NeuronExamples 下面的 OVRExample 文件夹并打开名为 OVR-ExampleScene 的场景。它主要是与特定的头戴式显示器一起使用，但我们可以将其修改为与 SteamVR 一起使用。

首先，从场景中删除摄像机。在项目浏览器的 SteamVR 下面的 Prefabs 文件夹内找到 [CameraRig] 预设体并将其拖到 Hierarchy 面板中的空白区域。

在 Hierarchy 面板中选择 [CameraRig]，可以在 Inspector 面板中看到它。单击添加组件按钮，添加 Scripts 下面的 Neuron OVR Adapter。该脚本组件将摄像机装置定位在机器人头部的变换位置。

在 Hierarchy 面板顶部的搜索栏中输入 OVRCameraTarget，会显示 OVRCameraTarget 游戏对象，这样就可以将其拖出 Hierarchy 面板，放入 Inspector 面板的 Bind Transform 字段，在 Neuron OVR Adapter 组件中。

最后一部分是使用你可能在本书其他地方看到的 VR_Config 类。VR_Config 类告诉 SteamVR 使用其 Sitting 跟踪配置，这样就可以正确定位摄像机。它还提供了一个重置视图的按钮，按下键盘上的 R 键可以告诉 SteamVR 你的位置。在此演示中，重置视图按钮可能是 Vive 确保头戴式显示器与机器人匹配的最大帮助。

在 Hierarchy 面板中选中 [CameraRig]，单击添加组件，如果你已经从前面的示例中获得了脚本，就可以将 VR_Config 脚本添加到 [CameraRig] 游戏对象里，或者将以下脚本添加为新脚本（Add Component 下面的 New Script，并把它命名为 VR_Config）：

```csharp
using UnityEngine;
using System.Collections;
using Valve.VR;

public class VR_Config : MonoBehaviour
{
    public enum roomTypes { standing, sitting };
    public roomTypes theRoomType;

    void Awake()
    {
        SetUpVR();
    }

    void SetUpVR()
    {
        SetUpRoom();
    }

    void SetUpRoom()
    {
        var render = SteamVR_Render.instance;

        if (theRoomType == roomTypes.standing)
        {
            render.trackingSpace =
ETrackingUniverseOrigin.TrackingUniverseStanding;
        }
        else
        {
            render.trackingSpace =
ETrackingUniverseOrigin.TrackingUniverseSeated;
        }
        Recenter();
    }

    void LateUpdate()
    {
        // here, we check for a keypress to reset the
view
        // whenever the mode is sitting .. don't
forget to set this up in Input Manager
        if (theRoomType == roomTypes.sitting)
        {
            if (Input.GetKeyUp(KeyCode.R))
            {
                Recenter();
            }
        }
    }

    void Recenter()
    {

        // reset the position
        var system = OpenVR.System;
        if (system != null)
```

```
        {
            system.ResetSeatedZeroPose();
        }
    }
}
```

保存脚本（按住 Ctrl + S）并返回 Unity。将脚本附加到 [Camera Rig] 后，现在可以在 Inspector 面板中进行设置。选择 Room Type 下拉列表，然后选择 Sitting。

戴上头戴式显示器和手套，然后点击播放预览场景并试一试效果。

目前，最关键的是将头戴式显示器保持在正确位置，使手臂动作看起来很自然。使用固定摄像机是可以的，但由于 Axis Neuron 采用以预先校准的方向捕获数据的方式，而我们无法仅仅用一个手臂四处移动。更好的解决方案是使用整个身体套装，这样就可以四处移动并以另外的方式将摄像机锁定在身体套装上。

10.2.4　使用全身动作捕捉套装

本节中的代码只是理论上的，虽然被告知它应该有效，但我们并没有亲自测试过。至少，整个过程的原理就是这样。它要做的是将摄像机锁定在骨架的头部，用摄像机移动骨架。如果运动捕捉已正确校准，则身体旋转应与感知神经元套装的旋转相匹配。

在前面一节的场景中，单击 Hierarchy 面板顶部的创建按钮，然后点击创建空对象以添加空游戏对象，并将其重命名为 BodyPos。选中新的对象后，单击 Inspector 面板中的添加组件，然后选择新建脚本，并将脚本命名为 BodyPos。这里感谢用户 kkostenkov 在 Perception Neuron 论坛上发布他原来的 VRPosSync 脚本。

添加如下脚本：

```
using UnityEngine;
public class BodyPos : MonoBehaviour
{
    public Transform viveCameraEye;
    public Transform robotHead;
    public Transform robotHips;

    void LateUpdate()
    {
        Vector3 headPelvisOffset = robotHead.position
- robotHips.position;
        robotHips.position = viveCameraEye.position
- headPelvisOffset;
    }
}
```

设置脚本后，将它保存（按住 Ctrl + S）并返回 Unity。

在 Inspector 面板中设置 viveCameraEye 字段。找到 [CameraRig] 游戏对象并将其展开，可以看到它的子对象。展开 Camera_head 游戏对象，在 Camera_head 下，将 Camera_eye 游

戏对象拖入 Inspector 面板中，放入 BodyPos 游戏对象的 BodyPos 组件上的 Vive Camera Eye 字段里。

robotHead 和 robotHips 是机器人网格的节点。它们隐藏在 Hierarchy 面板中的其他节点下，因此使用 Hierarchy 面板顶部的搜索栏依次找到它们，然后将每个节点拖到 Inspector 面板中 BodyPos 组件的 Robot Head 和 Robot Hips 字段中。

设置引用后，让骨架能随时跟随空间内的 Vive 头戴式显示器，需要做的工作就完成了。也就是说，如果在上一节中将 Neuron OVR Adaptor 脚本添加到了摄像机中，则需要删除它。要执行此操作，请单击 [CameraRig] 游戏对象，然后打开 Inspector 面板查看是否附加了 Neuron OVR Adaptor。如果是，则需取消选中组件左上角的复选框将其禁用。

把所有的设备打开并准备好，点击播放来预览场景。

10.2.5　潜在问题

1）Unity 中的错误

如果跟踪未通过 Unity，可能会在控制界面显示错误，即当点击播放预览场景时，显示"[NeuronConnection] Connecting to 127.0.0.1:7001 failed"。

如果看到有关与 Neuron Connection 连接失败的错误，请仔细检查是否仍然在后台打开 Axis Neuron 并且它已连接到 Perception Neuron。切换到 Axis Neuron 窗口并实时移动骨架。如果没问题，检查 Axis Neuron 中的设置以确保正确设置了传输。要执行此操作，请在 Axis Neuron 中转到 File 下面的 Settings，然后选择 Settings 窗口左侧的 Broadcasting，检查 BVH 部分是否正确（图 10-10）。

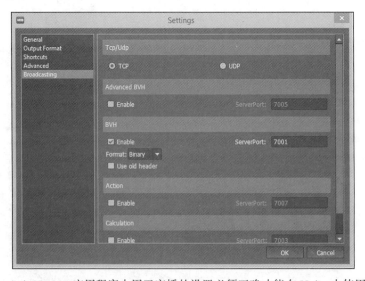

图 10-10　Axis Neuron 应用程序中用于广播的设置必须正确才能在 Unity 中使用动作捕捉

2）机器人头部遮蔽视野

你的视野可能会被机器人的头部挡住。快速的解决方案是将头部节点缩小到零，以便将头部模型压扁。这种方法的缺点是 OVRCameraTarget 游戏对象（我们的代码使用它来定位摄像机装置）也会受到此缩小的影响。OVRCameraTarget 将无法正确定位，并且由于 0,0,0 的比例，它将不可移动。要解决此问题，需将 OVRCameraTarget 的父级对象更改为 Robot_Neck 游戏对象。你可能需要稍微调整 OVRCameraTarget 的位置，将其从颈部移动到视线开始的位置。

10.3　本章小结

本章是最具实验性的章节，包含几个要使用到两种前沿解决方案进行输入的示例。我们从 Leap Motion 及其 VR 套装开始，了解如何将该技术应用到比较基础的 Unity 项目中。在玩了一段时间的虚拟钢琴之后，我们继续使用一个手套来访问 Noitom 的感知神经元系统。虽然该系统被设计用于动画行业的全身动作捕捉，但 Perception Neuron 也可用作监视 VR 手部动作的方法。我们考虑设置从 Unity 内部观看输入，并了解要使用完整套装背后的理论知识。

VR 的未来取决于与虚拟世界交互的方法的不断发展和演变。为了让用户所有的感官充分参与，需要 VR 技术不断模仿人们的日常动作和姿势。在此之前，作为开发人员，我们有责任突破局限，使技术向前发展。当完成挥手试验后，在第 11 章中我们将以不同的方式使用 SteamVR 摄像机，介绍座式 VR 体验所需的其他配置。

Chapter 11 第 11 章

座式或静止的 VR 体验摄像机装置

毫无疑问，虚拟现实不仅仅是房间规模的体验或是在虚拟世界的四处传送。有些游戏需要在车内进行，或者甚至是在同一个固定位置上。在默认情况下，当房间规模 VR 可用时 SteamVR 会假定体验为房间规模，要改变这些只需要修改一些配置即可。

房间规模 VR 允许使用者在 SteamVR 设置过程中定义的整个游戏空间内自由移动。如果未插入房间规模技术，或者你正在使用非房间规模 VR，比如开箱即用的 Rift 或 HDK，SteamVR 会将你放置在一个很小的区域，但仍然允许你在这个空间内移动。如果你只有一个非房间规模 VR 系统来用于测试，那么你应该专注于座式配置。

在本章中，我们将讨论需要一个座式配置的两个示例情况：驾驶一辆简单的汽车以及以第三人称视角跟随一个角色化身。

顺便提一下，有证据表明，当使用者有固定的视觉参考对象时，比如坐在驾驶舱中，VR 晕眩就会减少。如果你正在研究某种飞行体验，你可能需要考虑设置一个驾驶舱或在主视场内设置固定的外围物体，以帮助使用者获得稳定的参考对象和更舒适的体验。

11.1 VR 驾驶简单的车辆

第一个座式配置的示例场景是驾驶一辆简单的车辆（图 11-1），其中摄像机附加到车辆并随其移动。

11.1.1 打开示例项目

打开本章的示例项目。在项目浏览器中，找到 Scenes 文件夹，在其中选择名为 main 的场景。

摄像机已经设置在车内。顺便说一下，这是来自未来的太空飞行器。在 20 世纪 80 年代的未来，一切都是网格状的霓虹灯。按钮很大，因为这就是 20 世纪 80 年代未来的按钮的样子。

当查看游戏视角时，会看到摄像机正确定位在车内的驾驶座上，但如果点击 Play 来预览场景，特别是如果正在使用房间规模 VR 时，视角可能会偏离默认位置。这是因为 SteamVR 是针对非座式体验来进行校准的。在正常情况下，将摄像机作为 Vehicle 游戏对象的子对象

图 11-1　在驾驶舱中驾驶 VR 车辆需要座式配置

意味着视角将随车一起移动并保持在正确的位置。使用 SteamVR，要通过切换追踪空间到座式模式来使它保持在一个地方。

11.1.2　代码设定坐或立校准

可以通过 SteamVR_Render 类选择 SteamVR 的操作模式。这是一个单例，意味着可以从代码中的任何地方通过 .instance 访问它。在本节中，构建了一个简单的脚本组件，它可以根据在 Inspector 中的选择，将 SteamVR 调整为坐式或立式。在座式体验中，当使用者按下按钮或键盘上的按键时，为视图提供重新定心功能也很重要。重新设置最常见的原因是有时当模拟开始时，使用者并未处于正确的位置。例如，在加载模拟之后，他们可能仍在穿戴头戴式显示器。发生这种情况时，头戴式显示器的位置是不正确的，需要重新设置。

在 Hierarchy 中点击 Main camera 游戏对象，你会发现它是 Vehicle 的子对象。因此你需要使用 Vehicle 旁边的小箭头来展开视图。

在选中 Main camera 后，在 Inspector 中单击 Add Component 按钮。选择 New Script，并将脚本命名为 VR_Config。确保在 Language 下拉列表中选择了 C#，然后单击 Create and Add。在脚本编辑器中添加以下脚本：

```
using UnityEngine;
using System.Collections;
using Valve.VR;

public class VR_Config : MonoBehaviour
{
    public enum roomTypes { standing, sitting };
    public roomTypes theRoomType;

    void Awake()
    {
```

```
        SetUpVR();
    }

    void SetUpVR()
    {
        SetUpRoom();
    }

    void SetUpRoom()
    {
        var render = SteamVR_Render.instance;

        if (theRoomType == roomTypes.standing)
        {
            render.trackingSpace =
ETrackingUniverseOrigin.TrackingUniverseStanding;
        }
        else
        {
            render.trackingSpace =
ETrackingUniverseOrigin.TrackingUniverseSeated;
        }

        Recenter();
    }


    void LateUpdate()
    {
        // here, we check for a keypress to reset the
view
        // whenever the mode is sitting .. don't
forget to set this up in Input Manager
        if (theRoomType == roomTypes.sitting)
        {
            if (Input.GetButtonUp("RecenterView"))
            {
                Recenter();
            }
        }
    }


    void Recenter()
    {
        // reset the position
        var system = OpenVR.System;
        if (system != null)
            system.ResetSeatedZeroPose();
    }
}
```

11.1.3 脚本分解

```
using UnityEngine;
```

```
using System.Collections;

using Valve.VR;
```

SteamVR_Render 是 Valve.VR 包的一部分，所以我们需要将其与上面代码中的其他标准包一同告诉 Unity。

```
public class VR_Config : MonoBehaviour
{
    public enum roomTypes { standing, sitting };
    public roomTypes theRoomType;
```

在这里创建的脚本只需要用一个变量来保存选定的房间类型。theRoomType 是一个公共变量，在 Inspector 中使其可见。可以选择一个简单的整型来表示 theRoomType，甚至可以利用一个布尔值来表示我们是否站立。但是，这里选择了上面的枚举数，以便变量能在 Inspector 中很好地显示。Unity 将以一个漂亮、整洁的下拉菜单显示 theRoomType 的值，其中包含 roomTypes 的文本：站立和坐着。

```
void Awake()
{
    SetUpVR();
}

void SetUpVR()
{
    SetUpRoom();
}
```

Awake() 函数调用 SetUpVR()。由于我们后面会验证代码，SetUpVR 是一种旨在用于通用 VR 设置的函数。如果想让 VR 模拟按照预期工作还有更多东西需要设置，那么从 SetUpVR() 中调用它们，而不是在 SetUpVR() 中执行它们。所以，在这里调用 SetUpRoom()。对于这种特殊的 VR 体验，SetUpRoom() 就是所有需要做的设置和准备工作。

```
void SetUpRoom()
  {
    var render = SteamVR_Render.instance;
```

在以上代码块中声明的 SetUpRoom() 是一个私有函数，只能从 VR_Config 类中调用。

一个命名为 render 的局部变量被设置用来保存 SteamVR_Render 的实例。这提供了运行当前场景时直接激活 SteamVR_Render 组件的链接。

代码的下一部分涉及设置体验类型：

```
        if (theRoomType == roomTypes.standing)
        {
            render.trackingSpace =
ETrackingUniverseOrigin.TrackingUniverseStanding;
        }
        else
        {
```

```
        render.trackingSpace =
ETrackingUniverseOrigin.TrackingUniverseSeated;
    }

    Recenter();
}
```

以上，基于 theRoomType 的值，我们设置了名为 trackingSpace 的 SteamVR_Render 属性。render.trackingSpace 需要一个 EtrackingUniverseOrigin 枚举值（它将在 Steam 代码中的其他地方以与本类开始时声明 roomTypes 枚举的相同方式进行声明）。EtrackingUniverseOrigin 有三个可能的值：

❑ TrackingUniverseRawAndUncalibrated，这个设置无论是站立或坐着都还未经过校准，在此设置下，关于空间会发生什么以及视图如何与其交互都是不可预测的。Valve 建议最好不使用 TrackingUniverseRawAndUncalibrated。

❑ TrackingUniverseSeated，使用 TrackingUniverseSeated 设置意味着 SteamVR 在座式位置的各种位置和运动中能够更好地发挥作用。注意，在 SteamVR 设置中没有特定的座式校准程序。如果系统被校准为房间规模，它将只能确定座式参数。还需要注意的是，座式设置不会锁定玩家在某个位置，而是使用更适合座式位置的设置。如果你喜欢的话，你仍然可以从坐的位置站起身和走开，并且这个问题是由开发者来解决的（例如，如果玩家离中心太远则暂停模拟）。

❑ TrackingUniverseStanding，SteamVR 将使用站立设置，更适合站立或房间规模 VR 体验。

追踪类型全部设置完毕后，就可以快速调用 Recenter()，这能够重新调整视图的中心。我们将在后面稍微解释一下代码中的 Recenter() 函数，首先介绍 LateUpdate() 函数：

```
void LateUpdate()
{
    if (theRoomType == roomTypes.sitting)
    {
```

LateUpdate() 是 Unity 在每个更新周期结束时自动调用的函数。无论是因为何种原因，为使用者提供一种重置视图的方法都是很有用的。房间规模和站立 VR 不需要重置，因为它始终假定该空间始终是 SteamVR 初始设置过程中配置的空间。基于这个原因，我们只需要在房间类型为座式时为按下重置中心键而烦恼。

```
        if (Input.GetButtonUp("RecenterView"))
        {
            Recenter();
        }
    }
}
```

Input.GetButtonUp 利用一个字符串来说明哪个虚拟按钮需要检查。RecenterView 按钮已经在 Unity 的 Input 管理器中设置好（要进入 Unity 编辑器中的 Input 管理器，点击 Edit 下面的 Project Settings 中的 Input）。

当检测到 up 按钮时，调用 Recenter()。

在处理需要玩家在虚拟世界中匹配某个固定位置的座式体验时，重新定心或重置视图特别有用。座式位置被称为零姿势，因为它是假设使用者将在零世界位置时所处的姿势。例如，想象一个虚拟赛车驾驶员坐在虚拟赛车的座位上。她的头靠在虚拟世界的头枕上，在场景中的摄像机开始定位虚拟赛车手的视野。然而在现实世界中，使用者的头部位置可能不在这个正确的位置。当模拟开始时，如果位置没有对齐，VR 摄像机将会显示虚拟赛车手头部以外的其他位置的视图。通过重置视图，虚拟摄像机将会重新定位到场景中的原始位置。使用者的头部现在应该与虚拟赛车手的视点匹配。也就是说，摄像机将从正确的地方开始。

代码的下一部分涉及视图的实际重新定位：

```
void Recenter()
{
    // reset the position
    var system = OpenVR.System;
    if (system != null)
        system.ResetSeatedZeroPose();
}
```

Recenter() 是另一个局部函数，仅用于 VR_Config 类中调用。

以上，我们从一个名为 system 的局部变量开始，存储对 OpenVR.System 的引用。

OpenVR 是属于 Valve.VR 命名空间的另一个类。它提供了许多系统级别的命令和属性，如重置视图或访问如触觉反馈之类的硬件特性。

如果 system 变量为空，那么是没有正确初始化，也不会想在此状态下调用它，此时 Unity 将会提示一个错误。相反的，为了防止在 OpenVR 类的初始化过程中出现任何问题，可以进行快速的空检查。

重置视图的命令是 system.ResetSeatedZeroPose()。当这个命令被调用时，视图会立即重置。摄像机在场景中的默认位置将与头戴式显示器的当前位置绑定。

11.1.4　将车辆添加为摄像机的父对象

好的，我在这里取巧了。在示例文件中，你会发现 Main Camera 已经是 Vehicle 的子对象了。这看起来很明显，但重要的是请注意你可以这么做。将 Main Camera 作为 Vehicle 的子对象，即使是房间规模的 VR 也可以工作。但除非你模拟一个房间大小的移动平台，否则你可能并不会想这么做。通过将追踪系统设置为座式模式，校准对于这样的应用程序会更加有用。

这里的车辆可以是你想让使用者驾驶或跟随的任何事物。例如，它可以是一列火车、一辆摩托车或者可能是一个放置在你想要放置摄像机位置的空游戏对象。在下一节中，我们将把摄像机作为一个空游戏对象的子对象，并使其移动，以便使用者在一个简单的竞技场环境中跟随角色化身，就好像是使用者抵抗了机器人的入侵。

11.2 什么是第三人称以及虚拟现实是否适合第三人称视角

VR 将替代现实，尝试在另一个计算机生成的宇宙中模拟观察者的视角（被称为第一人称视角），这是对 VR 的初步思考以及使它适用于全视角头戴式显示器硬件的方法。不管 VR 的通用概念是什么，越来越多的体验发生在身体之外，并呈现出虚拟世界的不同视角。

在很多电子游戏中使用的是另一个视角，比如 Gears of War、Tomb Raider 或者 Uncharted，都是第三人称视角。通常来说，这意味着摄像机跟随角色并位于被玩家控制角色的后面。我们将这种视角称为第三人称视角，很可能继承自用于解释书籍观点的术语。在文学术语中，第三人称视角是一种讲述故事的形式，叙述者使用诸如"她"或"他"这样的术语来解释正在发生的事情，而不是用像"我"这样的第一人称术语。

11.3 外部摄像机跟随车辆

在本节中，我们使用另一种类型的控制脚本来从车辆外部使用摄像机（图 11-2）。这可以是你需要使用的任何摄像机脚本。例如，如果你有自己自定义的摄像机控制脚本，那么你可以应用本节中所示的相同原则来进行操作。

如果你尚未打开 Unity 项目，请打开上一节相同的 Unity 项目。

11.3.1 打开示例项目

打开本章的示例项目。在项目浏览器中，找到 Scenes 文件夹，选择名为 main_followcam 的场景。

11.3.2 设置摄像机装置

场景需要一个摄像机。在项目浏览器窗口中打开 SteamVR 文件夹。在 SteamVR 文件夹中，有一个 Prefabs 文件夹。点击它以在预览中显示其内容。在 Prefabs 中你可以看到

图 11-2 车辆围绕场景移动时，追踪装置跟在车辆后面，使用者充当摄像机的角色

[CameraRig]、[Status] 和 [SteamVR]。

将 [CameraRig] 预设体从项目浏览器窗口中拖出，并放入 Hierarchy 中。

11.3.3　添加一个摄像机脚本

在 Hierarchy 中，选中 [CameraRig] 游戏对象。在 Inspector 中，点击 Add Component 按钮并选择 Scripts 下面的 VR_Config。VR_Config 脚本与本章前一节中的配置脚本相同。它允许我们选择 SteamVR 系统使用的追踪校准类型。在 VR_Config 组件中，从 The Room Type 下拉菜单中选择 Seated。

接下来，需要添加一个脚本来移动摄像机装置，并使其追随车辆前进。在 Inspector 中再次选择 Add Component 按钮，并找到 Scripts 下面的 Camera Controller。

Camera Controller 脚本很基础：

```
using UnityEngine;
using System.Collections;

public class CameraController : MonoBehaviour
{
    public Transform cameraTarget;
    public Transform lookAtTarget;

    private Transform myTransform;

    public Vector3 targetOffset = new Vector3(0, 0,
-1);

    void Start()
    {
        // grab a ref to the transform
        myTransform = transform;
    }

    void LateUpdate()
    {
        // move this gameObject's transform around to
follow the target (using Lerp to move smoothly)
        myTransform.position = Vector3.
Lerp(myTransform.position, cameraTarget.position +
targetOffset, Time.deltaTime);
        // look at our target object
        myTransform.LookAt(lookAtTarget);
    }
}
```

Camera Controller 脚本使用 Vector3.Lerp 来移动摄像机，并使用 Transform.LookAt 来为摄像机指出正确的方向。要在自己的项目中使用追随摄像机，你可能需要更复杂的东西。但现在，这个脚本将完成摄像机装置围绕移动的工作。

通常情况下，你可能会直接围绕附加了摄像机组件的游戏对象移动，或者可能围绕摄像机所附加的对象移动。使用 SteamVR 时，要移动的对象是 [Camera Rig]。

在 Unity 编辑器中，如果先前还未选中，请单击 [Camera Rig] 游戏对象。在 Inspector 中，注意摄像机控制组件中的两个字段：Camera Target 和 Look At Target。

这个场景和你在前一节中看到的一样，除了车辆现在有一些额外空的游戏对象作为子对象附加在上面。

展开 Hierarchy 中的 Vehicle 对象，以便可以看到它的子对象。这个场景中添加的两个分别是 CameraMount 和 LookPoint。摄像机将使用 LookPoint 的方向并跟随 CameraMount 对象。

将 CameraMount 游戏对象从 Hierarchy 中拖出并放入 Inspector 中的 Camera Target 字段中。

将 LookPoint 游戏对象从 Hierarchy 中拖出并放入 Inspector 中的 Look At Target 字段中。

11.3.4　保存

使用 File 下面的 Save Project 保存项目。

11.3.5　预览场景

戴上头戴式显示器并按下 Play 按钮来预览场景，如果你很容易受 VR 晕眩影响，建议减少在模拟中停留的时间，最好只停留几秒钟。摄像机移动的方式并不是按舒适的体验而优化的。在第 12 章中，我们将进一步讨论这个问题，并探讨一种更好的摄像机移动方法。

11.4　本章小结

在本章中，我们探讨了控制摄像机远离使用者的原理及其意义。为使摄像机能随车辆移动，我们同时也需要重新配置 SteamVR 校准以匹配座式位置。通过修改追踪，摄像机可以出现在我们想要的任何位置，而不是在房间规模的 VR 空间中固定的位置。

我们还研究了每当校准与模拟视点不同步时，使用重新定心按钮重置座式视角的视图的重要性。

我们研究了 VR 世界中的第三人称游戏方式，并为其编写了一个简单的摄像机脚本。在设置好第三人称摄像机追随车辆后，我们观察到它并没有为舒适性而优化，而 VR 需要一种方法来控制摄像机的移动，以减少移动对晕眩症症状的影响。然后我们保存了我们的工作（是的，我相信你现在已经收到关于定期保存你工作的信息，但我会继续提醒这个问题，因为我知道这么做很重要！）。在第 12 章中，我们将更深入地探讨晕眩症和一些开发人员最近制定的尝试减少或避免它的策略。

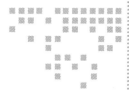

第 12 章 *Chapter 12*

虚拟现实晕眩症

　　如果你打算构建虚拟现实，那么了解虚拟现实晕眩症问题目前的严重性以及导致其发生的原因可能对你会有所帮助。其中包括很多误传。VR 晕眩症可能会严重阻碍人们广泛使用 VR。在这 VR 发展的早期阶段，我们都是 VR 的大使，我们的经验可能有助于塑造 VR 的未来。如果想要看到这一代 VR 的成功，那么每个 VR 内容创建者都有责任去尝试减少或找到解决 VR 晕眩症的方法。

　　本章的内容不是关于迫使你以特定的方式来构建 VR 体验，或者说告诉你不应该创造可能让人感到不适的体验。老实说，如果你想继续针对那些不受晕眩症影响的人群，并想要360 度高速旋转摄像机，你可以继续这么做，因为会有人可以毫无问题地享受它，但是提供开启或关闭晕眩预防系统的选项可能会成为游戏的一个卖点，而且我们需要理解每个人都是不同的，并且每个人受到 VR 晕眩症的影响也不同。出于这个原因，我在本章中提出问题并提供了解决方案，以供你选择。

　　房间规模的 VR 体验不会受到像座式或自动移动式体验遭受模拟晕眩症那样的困扰，所以如果你仅以开发房间规模 VR 为中心，那么你可以毫不犹豫地跳过整个章节。但是如果你想要以任何方式自动移动或进行注视，这可能会帮你了解你所要面对的是什么。

　　这一章文字繁多。我试图通过各种研究论文、网站、文章和讨论来将我的发现整理成比学术更可读的东西。我想给你们提供尽可能完整的描述来解释为什么我们会认为这些事正发生在我们的虚拟访客身上，并且你们将从这本书获得使 VR 体验更加舒适的理论和实践方法。接下来，我将从一个最直白的问题开始阐述。

12.1 虚拟现实晕眩症是什么

VR 晕眩症也称为模拟晕眩症或网络晕眩症。它可能会引发一系列的症状，如出汗、恶心、晕眩、头痛、嗜睡，以及其他类似晕车患者在汽车、船只或飞机上感受到的症状。

虽然经过了许多年的研究，但我们仍不知道造成晕眩症的原因是什么。最流行的理论是 VR 晕眩症是由于观众的实际体验与大脑的认知体验不匹配造成的，即征兆冲突理论（Kolansinski, 1995）。总而言之，征兆冲突理论是大脑认为输入（视觉、声音等）不真实或不正确。大脑通常能够分辨与身体相关的东西是否正确，然后试图纠正它并进行"安全检查"，以确保身体处在健康的状态。监测系统会寻找信号或异常征兆，例如将运动和视线捆绑在一起以建立一系列的信息，来确认你正体验的东西是否正确。当征兆不匹配时，则认为大脑切换到通常当身体受到攻击时可能会触发的防御模式。当大脑试图通过体液（分泌汗或呕吐，视严重程度而定）来清除体内的毒素时，排异反应系统就会启动。

12.1.1 个人体验

我使用的第一个 VR 开发套件在我使用它的几分钟之内就使我感到不舒服。在我摘下头戴式显示器后，晕眩会持续一小时到整整一天。我开始怀疑我是否能够持续更长的时间使用头戴式显示器，但似乎随着时间的推移，它变得越来越难。随着时间的推移，我的大脑好像开始将头戴式显示器与不适感联系在了一起。我甚至不需要将其开启就会有症状出现，即使是头戴式显示器的塑料味道都会让我开始感到不适。研究人员的说法是，随着时间的推移，你可以对 VR 晕眩症建立一种耐受性，这就是人们通常所说的"找到你的 VR 腿"，但这从未发生在我身上。尽管刚开始的时候影响很小，我每天花在 VR 的时间上都很短，但我却无法延长我的使用时间。我还尝试了晕车药和顺势疗法。经过几个月的努力，我决定跳过下一个开发套件，等待消费者版本来看是否能有任何重大的改进。值得庆幸的是，他们确实做了改进。

Rift 开发套件 1（DK1）和消费者头戴式显示器之间的差异是惊人的。我仍在一些类型的运动中挣扎，有一些游戏可以让我难受很长时间，但也有更多的虚拟现实体验能够让我几乎或根本不会产生晕眩感。

我自己的经历使我相信原始分辨率显示和较慢的开发套件刷新率是主要的问题所在。也有研究提出了类似的课题，但我们需要谨慎地做一些依赖于自身经验的假设。并不是每个人都是以相同的方式受到影响。

12.1.2 VR 晕眩症状和征兆

VR 访问者受到影响的情况与方式皆有所不同。有些人表现出所有的体征和征兆，而另一些人在某些情况下只经历了部分而不是全部的征兆。Kennedy 和 Fowlkes 指出，模拟晕眩症是多症状的（Kolasinski, 1996）。也就是说，在他们的测试数据中没有出现数量更大的单一症状，也没有显性症状，并且 VR 晕眩症的症状很难测量。

人们以不同的方式体验世界，如果征兆理论是可信的，那么这些征兆可能就能在一组依赖于不同人的参数上起作用。例如，一个人的运动方式可能与残疾人有很大的区别，即可能意味着征兆感知存在差异。与个人身体因素相结合来看，有很多潜在的征兆，其影响程度因人而异。因此结合独特的物理因素，我们需要考虑大量的变量因素。以下绝不是详尽的列表，而只是其中的一些因素：

1）相对运动错觉

众所周知，一个涉及大量运动的摄像机系统很可能会引发 VR 晕眩症。根据研究，它可能与相对运动错觉有关。描述相对运动错觉的最佳方法就是想象你正坐在一辆汽车里看着窗外。你旁边的车慢慢地向前移动，而你会觉得你的车在向后走，这是因为你的大脑误读了征兆。

相对运动错觉是对周围的运动产生错觉，现在已经被发现是造成 VR 晕眩症的主要原因。Hettinger 等人在 1990 年假设相对运动错觉肯定在虚拟晕眩症产生之前感受到（Kolasinski, 1996）。他们选了 15 个受试者。有 10 人报告产生了晕眩。受试者们要么报告了大量的相对运动错觉，要么没有报告。在没有报告的 5 名受试者中，只有 1 名感受到不舒服。在报告的 10 名受试者中，有 8 名报告感觉不舒服。

我认为，同样值得注意的是，在房间规模的 VR 中，人们所经历的晕动症普遍较少。在 VR 中移动而不是被四处移动，就会减少 VR 晕眩症的产生。

2）视野

更广泛的视野会产生更多的相对运动错觉。Andersen 和 Braunstein（1985）发现，即使在视觉相对运动错觉增加的情况下，减小视野也有助于减少不良影响。中央视野缩小让只有 30% 的受试者遭受了晕动症。

最近在 2016 年，哥伦比亚大学的研究人员 Ajoy S.Fernandes 和 Steven K. Feiner 测试了一种动态缩小视野以减少晕眩感的方法（Fernandes 和 Feiner, 2016）。他们用 Unity 来改造现有的 VR 显示，这样当使用者在场景中移动时，视野将因被覆盖而缩小。使用者在虚拟世界中移动的时间越长，实际可见的虚拟世界越来越小。当使用者停下时，视野将恢复正常。通过以这种方式缩小视野，他们假设是因为限制因素帮助受试者获得了更舒适的体验，并使他们能够在虚拟世界中停留更长的时间。此外，令人惊讶的是，大多数的受试者报告说他们几乎没有注意到移动时视野受到限制的变化。

3）瞳孔间距

最近有很多重点放在 IPD（瞳孔间距）上，但实际上很少有科学证据表明它是产生 VR

晕眩症的其中一个因素。头戴式显示器配置不正确的 IPD 可能会引起眼疲劳，这当然是不好的，而且无论如何都会让人产生不好的体验。在本书的其他部分，我们已正确地测量了 IPD。

4）不适

不言而喻，虚拟现实可能会加剧某些不适。内耳可能会受到许多医学条件的影响，包括感冒、流感或耳部感染。耳朵的任何问题都可能直接影响大脑对平衡的理解以及相对运动错觉对使用者的影响。疲劳和其他不适也会对其产生影响。

5）运动

使用者在虚拟世界中移动的方式会产生不同的体验。更快的移动速度可能产生更多的运动感，导致更多的晕眩感。在这里，人们感知运动的方式也很重要。例如，有些人比其他人更擅长旋转运动。强制运动也是一个问题。人们往往不喜欢让自己的视线自动为他们移动，因为它倾向于以一种不自然的方式移动，而这种方式反过来又会引起恶心。

6）年龄

许多关于 VR 晕眩症的文章将年龄与性别作为一个影响因素，但却没有实际证据支持这种说法。它可能只是源于对晕动症的研究，该研究表明 2～21 岁之间的人更可能经历晕动症。与其盲目地引用晕动症研究，我相信 VR 需要的是更多明确的研究。对目前报道的大多数关于年龄或性别为 VR 晕眩症影响因素的发现都应持保留态度。

7）帧速

为开发舒适的 VR 体验需要在整个体验过程中维持恒定的帧速。由于近期的发现让人们更好地理解了帧速对舒适体验的重要性，因此需要更高规格的硬件。例如，较低规格的硬件也许完全能够在 VR 设备中以每秒 40 帧的速率渲染，但帧速的抖动对于使用者而言变得更加明显，并且当它们突然出现时，会出现更多的问题。帧速在 40 帧 / 秒时出现停顿现象意味着帧数的下降，并且会触发 VR 晕眩症的症状。与其冒险，倒不如使 VR 运行在 90 帧 / 秒的速率更好，这样停顿就不会那么明显，也就不是什么问题了。为了保持 PlaystationVR 平台的高质量，如果它们的帧速低于 60 帧 / 秒，那么索尼将不会为他们的系统认证游戏。为了避免不舒适的体验，高级工程师 Chris Norton 说："如果你向我们提交了一个帧速降为 30 帧 / 秒、35 帧 / 秒或 51 帧 / 秒的游戏，我们可能会拒绝它"（Hall, 2016）。

8）深度感知

具有讽刺意味的是，拥有最好 VR 视野的人可能是最容易产生晕动症的人。具有良好深度感知的人在虚拟世界中会产生更多的相对运动错觉，这可能增加对晕眩症的易感性（Allen 等人，2016）。

9）线性加速度或旋转加速度

加速需要引起使用者注意。例如，第 11 章使用的摄像机可能会给 VR 晕眩症患者带来问题。当人移动时，平滑加速和减速是不自然的。因为我们专注于一个对象时，是不会缓慢减速的，那么为什么在 VR 中做同样的事对使用者却意义重大？在第 13 章中，我们将为 VR 创建一个更好的摄像机。

就像所有的征兆一样，运动类型以不同的方式影响人们。减少其影响的最基本方法之一就是相对缓慢地移动。并不是说让你在环境中缓慢移动，而是要尽量避免高速旋转。消除加速平滑也可能有一定地帮助。一个更加突然的开始和停止可能不会使视觉有最好的效果，但在 VR 中，这是为了减少用户晕眩的一个妥协。

10）位置追踪误差

当追踪硬件失效或者头戴式显示器移出基站的范围时，它会给用户带来一种不舒服的体验，因为此时视野会随意地偏离预定的位置。在撰写本书时，我还没有看到一个密切关注此事的 VR 体验。对系统进行编程以查找超出特定阈值的移动或意外移动是个值得考虑的办法。

11）坐下与站立

有些人喜欢站立，有些人喜欢坐下，这可能也会对虚拟体验产生影响。

12.2　是否可以解决

回答这个问题很难。除非我们能够准确定位 VR 晕眩症的起因，否则治疗它就像修复管道的渗漏，管道会不断出现新的漏洞。修复一个漏洞，出现另一个漏洞。这并不是说不可能。很明显，一个特定的技术问题可能会导致人们患病。例如，我不知道新技术如近眼光场头戴式显示器将给患者带来怎样的影响（我将更多地在第 15 章介绍光场 VR）。最初的发现似乎表明，光场 VR 会更自然地聚焦眼睛，实际上可能会消除 VR 晕眩症。不幸的是，光场技术仍处于早期的原型阶段，并会持续一段时间。我们只能等待。

关闭导致此病的输入或感受突触可能是另一个选择，尽管我怀疑手术是否符合道德以及手术是否能够实现这一目标。或许医疗解决方案即将会出现？假设 VR 晕眩症是由最常见的征兆冲突理论引起的，制造任何能够全面解决的方案都会因每个人的征兆不同而受到影响。在撰写本书时，还没有医疗解决方案能够解决，甚至连传统的晕动症医疗治疗在 VR 中的成功率都有限。

尽管我们还没找到答案，但我们至少可以通过技术解决方案来减少 VR 晕眩症的影响。我认为对于开发者而言，关注这个问题的进展或是新理论的提出是很重要的，因为我们仍有很多东西需要了解。分享知识很重要，因为我们都试图进入这个新的娱乐媒介。VR 的规则没有被写出来，我们作为早期的采纳者，是 VR 的大使。虚拟体验的潜力远远超出了简单的游戏或漫步，VR 具有将世界变得更好的潜力。我们需要共同合作并分享我们的发现，努力让 VR 作为一个开放的平台，远离商业利益，使其成为一个更好的平台。

12.3　本章小结

在本章中，我们将重点放在 VR 晕眩症上，并研究了一些最新的研究成果以帮助了解 VR 所面临的最大问题是什么。虽然我在本章添加了我个人的体验，但重要的是记住，一个人体验虚拟现实的方式可能与其他人不同。人类是由许多不同组件组成的复杂生物，其体型可能不同，具有的敏感性、甚至是功能都可能不同。我们用来判断深度、距离或平衡的一些组件之间的差异可能意味着一个人的舒适体验可能是另一个人的 VR 呕吐体验。

我简要地说明了为什么还没有医疗方法来解决这个问题，但我们可以通过分享我们的发现以及实施解决方案来创造更舒适的体验。

第 13 章我们将介绍一些实用方法以及 Unity 实现以帮助易患晕眩症的人们创建更舒适的 VR 体验。

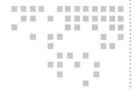

Unity 中减少 VR 晕眩症的实用技术

13.1 用 UI 覆盖来缩小视野

哥伦比亚大学计算机图形和用户界面实验室的研究人员发现，根据用户在虚拟世界中移动的程度，控制可见范围可以减少 VR 晕眩症的影响（Evarts, 2016）。他们在摄像机前使用了一个蒙版，提供类似于透过一张卡片上的洞进行观看的视图（图 13-1）。当使用者四处走动时，蒙版会缩小以缩小观察孔。当用户停止移动时，孔将回到原始尺寸，恢复视场。你可能已经见过一种用于《Google Earth VR》应用程序（在 Steam 上免费提供）的相似技术，

当飞行时视图会被屏蔽掉。Google 不像本节内容那样大量使用转换，但减少视场的效果是相同的。

另一个现实世界中的蒙版系统例子是 VR 游戏《Eagle Flight》（由 Ubisoft 发布）。它采用了大量经过精心研发和测试的方法，使玩家能够像老鹰一样飞跃巴黎而不会让他们感到不适。如果没有这些系统，大多数的 VR 晕眩症患者可能就无法感受这种体验。本节将介绍一种实现类似该系统的方法，在摄像机前显示图像，以便在移动时减少视场范围。

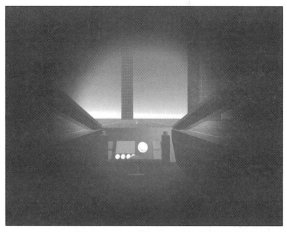

图 13-1　本章使用蒙版图像来减少移动过程中视野的实例项目

13.1.1 打开示例项目

打开本章此节的示例项目。它包含一个名为 main 的场景，可以在项目浏览器窗口的 Scenes 文件夹中找到它。打开场景。

13.1.2 视场蒙版

蒙版（图 13-2）的任务是在视场中心提供一个可见区域并遮盖其余部分。根据追踪对象的移动速度来缩放图像，这将缩小或增大中心孔的尺寸，也就是使用者的可见区域。

使用 Paint.Net 程序创建图像，这是一个很棒的免费软件，在创作共享（Creative Commons）许可下提供，用于编辑和创作艺术品。可以从 http://www.getpaint.net/download.html 上下载它。如果你能负担得起，并觉得它有用，请向它捐赠，因为它的开发者完全依靠捐赠资助以维持发展。

图像的像素为宽 1024，高 1024。使用 Paint Bucket 工具来将整个图像填充为黑色。接下来，使用 Paintbrush 工具，用一个大尺寸的笔刷和一个（非常）柔化的边缘在图像的中心创建一个白色的圆圈。为了使笔刷柔化，只要把 Hardness 水平调到最左即可。为了得到正确的圆圈尺寸，需要进行反复试验！当它太小的时候，如何在 Unity 中缩放它并不重要，因为可以看到的区域太小了。当它太大时，如果不将图像缩小到边缘可见时效果几乎不明显。如

图 13-2 用于蒙版视野的图像

果决定制作自己的蒙版图片，请使用不同大小的图片来看看哪个比较合适。

最后，将图像导出为 .PNG 格式，并将其导入 Unity 用作叠加层。在 Uinty 中，将这个图像变透明的着色器是一个通常用于粒子效果的 Multiply 着色器。在 Material 下拉菜单 Particles 下面的 Multiply 中找到。

在示例项目中，在 Hierarchy 中单击 Canvas 游戏对象，可以看到 Plane Distance 设置为 0.31。这里有一个技巧，就是将图像放置在离摄像机足够远的位置，以使它不会因为穿过双眼的投影而变形，但为避免在摄像机前剪切其他 3D 物体，又需要足够靠近摄像机。

13.1.3 编写动态缩放脚本

在 main 场景的 Hierarchy 中找到附加到 MaskImage 游戏对象的脚本，该脚本完整如下所示：

```csharp
using UnityEngine;
using System.Collections;

public class MaskScaler : MonoBehaviour
{
    public Transform objectToTrack;
    [Space(10)]

    public float maskOpenScale = 4f;
    public float maskClosedScale = 1f;
    [Space(10)]
    public float minSpeedForMovement = 2f;
    public float maskSpeed = 0.1f;

    private float moveSpeed;
    private Vector3 lastPosition;
    private float theScale;

    private Transform myTransform;
    private Vector3 myScale;
    public float multiplier = 100f;

    void Start()
    {
        // grab some info we are going to need for
each update
        myTransform = transform;
        myScale = transform.localScale;

        // set the default value for the scale
variable
        theScale = maskOpenScale;
    }

    void FixedUpdate ()
    {
        // figure out how fast the object we are
tracking is moving..
        moveSpeed = (( objectToTrack.position -
lastPosition ).magnitude * multiplier);
        lastPosition = objectToTrack.position;

        // here, we check to see if the object is
moving and if it is, decreases scale to shrink the
visible area
        if ( moveSpeed > minSpeedForMovement &&
theScale > maskClosedScale )
        {
            theScale -= maskSpeed * Time.deltaTime;
        }

        // here, we check to see if the object is NOT
moving and if so, increases scale to expand the
visible area
        if ( moveSpeed <= minSpeedForMovement &&
theScale < maskOpenScale )
        {
```

```
        theScale += maskSpeed * Time.deltaTime;
    }

    // finally, we set the localScale property of
our transform to the newly calculated size
        myTransform.localScale = myScale * theScale;
    }
}
```

脚本分解

该脚本派生自 MonoBehaviour，因此可以使用 Start() 和 FixedUpdate() 函数，Unity 将自动调用。这里使用的包只是 Untiy 自带的含新的 C# 脚本的标准包：

```
using UnityEngine;
using System.Collections;

public class MaskScaler : MonoBehaviour
{
```

脚本的下一部分包含所有变量声明：

```
public Transform objectToTrack;

public float maskOpenScale = 4f;
public float maskClosedScale = 1f;

public float minSpeedForMovement = 2f;
public float maskSpeed = 0.1f;
private float moveSpeed;
private Vector3 lastPosition;
private float theScale;

private Transform myTransform;
private Vector3 myScale;
public float multiplier = 100f;
```

在 Start() 函数中有一些设置：

```
    void Start()
    {
        // grab some info we are going to need for
each update
        myTransform = transform;
        myScale = transform.localScale;

        // set the default value for the scale
variable
        theScale = maskOpenScale;
    }
```

上面的 Start() 函数获取了一些引用。在这个游戏对象上的 Transform 组件引用保存在 myTransform 变量中。当需要修改尺寸时，myTransform 将用于脚本的主要部分。myScale 包含存储变量的原始尺寸，以便尺寸不会被硬编码到脚本中。如果需要以某种非均匀的方式缩放蒙版，它可以较好地工作，因为这里使用的是原始缩放尺寸的乘数，而不是直接强制进行缩放。当乘以原始尺寸时，其宽高比将保持不变。

计算全都是在 FixedUpdate() 函数中进行的，因为车辆运动信息更新发生在 FixedUpdate 中，而且作为更新过程的一部分，需要在更新之前获得一部分数字：

```
void FixedUpdate ()
{
    // figure out how fast the object we are
tracking is moving..
    moveSpeed = (( objectToTrack.position -
lastPosition ).magnitude * multiplier);
    lastPosition = objectToTrack.position;
```

如果在 Inspector 中查看 MaskRawImage 游戏对象，可以看到在 Mask Scaler 组件中有一个对车辆的引用。FixedUpdate() 函数的第一部分指出了正在追踪的对象的当前速度。它通过追踪对象的当前位置，减去对象的最终位置来获取速度。这就提供了上次更新的位置与此次更新的位置之间的向量，所以将其放在括号中并使用 .magnitude 来得出两个向量的大小。接下来的部分使用一个名为 multiplier 的变量。这是一个必要的手段。最初计算车辆的速度时，当大小接近零时，科学记数法将开始发挥作用。很可能是由于小规模环境以及通过车辆的运动，从而遇到了一些舍入错误。为了纠正这个问题，使用一个乘数将速度提高到更易于控制的值。如果决定继续使用这个脚本，需要查看是否需要这种乘数。

以上，代码块的最后一部分在 lastPosition 中存储位置，以便可以在下次调用 FixedUpdate() 时使用它来计算位置差异。

下一个代码块根据对象是否正在移动来更改当前尺寸：

```
    if ( moveSpeed > minSpeedForMovement &&
theScale > maskClosedScale )
    {
        theScale -= maskSpeed * Time.deltaTime;
    }

    // here, we check to see if the object is NOT
moving and if so, increases scale to expand the
visible area
    if ( moveSpeed <= minSpeedForMovement &&
theScale < maskOpenScale )
    {
        theScale += maskSpeed * Time.deltaTime;
    }
```

以上，将 moveSpeed 与 minSpeedForMovement 进行比较，以查看是否在 minSpeedForMovement 中设置的阈值以上移动。然后将 theScale 与 maskClosedScale 进行比较，以便在扩展尺寸时禁止它变得过大。如果满足以上两个条件，theScale 则通过 maskSpeed * Time.deltaTime 递增。可以通过在 Inspector 中调整 maskSpeed 的值来调整蒙版改变尺寸的速度。

上面代码块中的第二个条件处理的是增大尺寸，这与之前的情况相反。在这里，需要检查 moveSpeed 是否小于或等于 minSpeedForMovement 中的阈值。

最后，通过计算出 theScale，可以乘以 myScale 中的原始尺寸并且在 Transform 组件中设置 .localScale（通过 myTransform 中的引用）：

```
myTransform.localScale = myScale * theScale;
}
```

这是 MaskScaler.cs 脚本的结尾。在场景中，它附加到了 Canvas 游戏对象的子对象 MaskRawImage 游戏对象上。

13.1.4　运行示例

点击 Play 预览场景。

记住，这里可能需要给摄像机重新定心。当按下键盘上的 R 键时，VR_Config 脚本（附加在 [CameraRig] 游戏对象上）将处理这个问题。

在场景中驾驶车辆时，视野将根据你的移动进行动态变化。当你停止移动时，视野将无限制打开。如果你始终在屏幕上保留视场限制器，它可能会有同样的效果，但动态地缩放它会有更好的效果。VR 的优点之一就是能够环顾四周欣赏环境—加上它的规模、光线和雄伟气势，是一种令人惊叹的体验。由于大多数 VR 晕眩症的触发因素涉及运动和相对运动错觉，静止站立是唯一一个能让使用者真正享受环境而不会感到不适的方式，因此，每当使用者静止站立时，移除视场限制器仍能够改善体验。

动态视场系统的另一个优点是，你甚至可以以最不被注意的方式实现它。如果能够调整蒙版的尺寸和设置，也许就可以减少 VR 晕眩症的影响。哥伦比亚大学的研究人员能够找到一个平衡点，这让他们的某些测试者甚至没有注意到视场关闭。这里进行了很多的设置，但没能达到研究人员的报告中的质量水平。我的时间有限，但也许你能够找到一个很好的平衡点（如果你成功了请随时告诉我—我很高兴能在 Twitter 上得到这样的消息）。

这是它的工作原理：

1. 一个 Canvas 显示蒙版图像，用于摄像机前面的 VR 渲染。

2. MaskScaler 脚本组件附加到图像。MaskScaler 将追踪场景中的车辆游戏对象的移动。

3. 车辆四处移动。MaskScaler 脚本计算出车辆的移动速度，并在发现车辆处于移动状态时修改蒙版图像的尺寸。当车辆移动时，蒙版会变得很小，这反过来降低了场景中的可见性—增加了黑色遮盖量并缩小了中心的透明圆圈。

4. 当车辆停止移动时，蒙版会缩回原始尺寸（这样可以使整个视图可见）。

Eagle Flight (Ubisoft) 使用 FOV 蒙版，其设置比我的要好。如果在一个视频、静止画面或 VR 外的任何地方看到该蒙版，它可能会显得非常显眼，但并非总是如此。当你沉浸到行动中、沉浸到这个体验中时，你便会惊讶于在蒙版变得突兀之前，能将它做到多么强大。为了蒙版系统正常工作，它需要隐蔽起来。所以，把蒙版透明度降低到更明显级别来进一步完善它。

13.2　适用于 VR 的第三人称视角摄像机

正如在 Playful 公司的《Lucky's Tale》等游戏中看到的那样，绝对有可能在 VR 中创造一个有趣且舒适的第三人称体验，并且几乎每个人都可以享受这种体验，包括经常可能因为 VR 而感到晕眩的人。在 2016 年 3 月的虚拟现实开发者交流会上，来自 Playful 公司的 Dan Hurd 和 Evan Reidland 概述了他们设计《Lucky's Tale》的关卡和摄像机系统的方法（Hurd 和 Reidland, 2016）。

其中一个关键的发现是正确移动摄像机的重要性。角色停止在适当的位置上而摄像机却持续移动可能会触发一些 VR 晕眩症症状。如果摄像机没有出现在与玩家相同的环境中并以相同的方式移动，似乎会导致两者之间的脱节，从而导致使用者产生不适感。

由 Playful 团队开展的研究非常重要。它再次强调了规则到位的重要性，为获得舒适的 VR 体验，看到的和期望看到的需要保持一致性。摄像机移动与追踪目标的方式对体验的舒适度有显著影响。

Playful 公司的开发人员 Evan Reidland 概述了一个第三人称视角 VR 的摄像机系统。他们使用了基于速度的线性跟随摄像机，固定位于主要角色的后面。本节我们将根据他们的发现构建一个摄像机。

 注意　如果你有 VR 晕眩症，需在尝试本章的示例项目之前先坐下。如果摄像机经常移动，这可能会引起恶心的感觉，同时你可能会觉得站不稳。如果开始感到头晕或恶心，请摘下头戴式显示器，马上休息一下。

13.2.1　打开并试行示例文件

打开本章的示例项目。这里的例子是一个第三人称竞技场游戏的演示。几个机器人进入竞技场，主角可以四处移动并发射炸弹以炸毁机器人。这些图像都是来自 Unity 的演示项目，同样的 AngryBots 项目以及大部分的游戏代码可以在我的另一本书《C# Game Programming Cookbook for Unity 3D》(Murray, 2014) 中找到。游戏运作方式在这里并不重要，它的提供纯粹是为了让你了解摄像机在像 VR 游戏项目一样的真实环境中的工作原理。我们将只关注适用于摄像机和 VR 的脚本。

在 SCENES 文件夹中，有两个分别名为 game_LBS 和 start_LBS 的场景。要尝试游戏，请打开 start_LBS 场景，戴上头戴式显示器后点击 Play 开始游戏。请记住，随时可以按下 R 按钮将摄像机重置到正确的位置上。使用游戏控制器或键盘上的方向键与 Z 键来发射炸弹。

13.2.2 编程

在项目浏览器窗口中，打开 SCENES 文件夹中名为 game_LBS 的场景。这是主游戏场景，可以看看摄像机如何移动和前进。本节的脚本应用于作为摄像机本身的父对象的空游戏对象。这使得将摄像机的位置从目标上偏移变得容易—目标是我们在虚拟世界中四处移动的角色。

移动代码基于 Playful 的建议，即使用角色速度来确定摄像机速度，将二者链接在一起以建立联系。这里的关键是确保摄像机按预期停止和启动，而不是一直追随玩家。当玩家停止移动时，摄像机也要停止。这与通常在游戏摄像机行为中看到的情况相反。通常，摄像机的移动速度应该独立于玩家的速度，并在给定的速度差值下在环境中跟随目标。相反，我们根据玩家速度判断摄像机该以多快的速度移动或何时不移动。

在 Hierarchy 中，找到名为 CameraParent 的游戏对象。

点击 CameraParent，在 Inspector 中显示。在 Inspector 中右键单击 VR_Cam 组件，在下拉菜单中选择 Edit Script。

以下是完整的脚本：

```
using UnityEngine;
using System.Collections;

public class VRCam : MonoBehaviour {

    private Vector3 deltaPosition;
    private Vector3 targetPosition;
    private Vector3 currentPosition;
    private Vector3 targetVelocity;
    private Vector3 currentVelocity;

    public float targetSpeed = 2;
    public float maximumVelocity = 10;
    public float acceleration = 20;

    public Transform followTarget;
    private Transform myTransform;
    private Rigidbody myRB;

    void Start()
    {
        myTransform = GetComponent<Transform>();
        myRB = GetComponent<Rigidbody>();
    }

    void Update ()
```

```
    {
        currentPosition = myTransform.position;
        targetPosition = followTarget.position;

        // grab deltapos
        deltaPosition = targetPosition - current
Position;
        targetVelocity = deltaPosition * targetSpeed;

        // clamp velocity
        targetVelocity = Vector3.ClampMagnitude
(targetVelocity, maximumVelocity);
        currentVelocity = Vector3.MoveTowards
(currentVelocity, targetVelocity, acceleration *
Time.deltaTime);

        myRB.velocity = currentVelocity;
    }

    public void SetTarget(Transform aTransform)
    {
        followTarget = aTransform;
    }
}
```

脚本分解

该脚本开头为：

```
using UnityEngine;
using System.Collections;

public class VRCam : MonoBehaviour {
```

该类派生自 MonoBehaviour，移动将在 Unity 调用的 Update() 函数中更新。正如上面的代码所示，除了 Untiy 自动添加的标准包 (UnityEngine 和 System. Collections) 之外不需要使用其他的任何包。

接下来是变量声明：

```
private Vector3 deltaPosition;
private Vector3 targetPosition;
private Vector3 currentPosition;
private Vector3 targetVelocity;
private Vector3 currentVelocity;

public float targetSpeed = 2;
public float maximumVelocity = 10;
public float acceleration = 20;

public Transform followTarget;

private Transform myTransform;
private Rigidbody myRB;
```

我将在后面脚本中解释变量。下面是 Start() 函数负责一部分初始化设置：

```
void Start()
{
    myTransform = GetComponent<Transform>();
    myRB = GetComponent<Rigidbody>();
}
```

以上的代码没什么不寻常的。获取游戏对象的 Transform 和 Rigidbody 组件的引用，以便它们可以在脚本中进一步使用。myTransform 和 myRB 出现在下面的 Update() 函数中。Update() 函数是类的核心，所有的位置计算都在这里进行：

```
void Update ()
{
    currentPosition = myTransform.position;
    targetPosition = followTarget.position;
```

为获取玩家的当前速度，需要获取主要对象在 3D 空间中的位置。currentPosition 保存摄像机的位置，targetPosition 保存希望摄像机跟随的目标对象位置。

```
        // grab deltapos
        deltaPosition = targetPosition -
currentPosition;
        targetVelocity = deltaPosition * targetSpeed;
```

delta Position 就是现在的位置和想要的位置之间的差异，用向量表示。上面的代码通过将目标位置减去摄像机的当前位置来得到 delta Position。

为得到移动摄像机的速度，在 targetVelocity 变量中储存一个值，下一行获取 deltaPosition 并将其乘以 targetSpeed 变量。targetSpeed 是开发人员（我们）在 Inspector 中使用的一个浮点数，用于调整摄像机速度。deltaPosition 包含想要移动的方向，targetSpeed 包含想要达到的速度。

```
        // clamp velocity
        targetVelocity = Vector3.ClampMagnitude
(targetVelocity, maximumVelocity);
```

运动需要控制在最大限度内，这样才不会太快。作为开发人员，我们需要控制最大速度来确保体验的舒适度。高速围绕场景移动摄像机容易导致使用者眩晕。

这里使用 Vector3.ClampMagnitude 来限制运动，它使用向量来表示要限制的初始向量，并用浮点数来表示要返回的 ClampMagnitude 函数的向量的最大长度。Vector3.ClampMagnitude 返回的向量大小（从点到点的长度）将是在 maximumVelocity 中的值。maximumVelocity 是公共变量，因此开发人员可以在 Inspector 中轻松地更改此值。

```
        currentVelocity = Vector3.MoveTowards
(currentVelocity, targetVelocity, acceleration *
Time.deltaTime);
```

currentVelocity 在 Vector3.MoveTowards() 函数内计算。Unity 文档将 MoveToward 的功

能描述为将一个点向目标直线移动。我们使用 currentVelocity 并以 acceleration* Time.delta-Time 的最大距离向 targetVelocity 移动。acceleration 变量是一个浮点类型变量，由我们之前在变量声明中设置或通过 Inspector 设置，来控制移动效果。

Unity 通过 Time 类提供对其计时系统的访问，Time.deltaTime 是当前帧与上一帧之间的时间。通过将 acceleration 值乘以 Time.deltaTime 提供一个时间友好值，以便无论计算机速度如何、帧率存在任何抖动，它都能保持稳定的运动。这个值用于告诉 Vector3.MoveTowards 每次运行此代码时该移动多远。MoveTowards 返回的向量由 currentVelocity 存储，在下一行中使用它来设置刚体的速度：

```
    myRB.velocity = currentVelocity;
}
```

脚本的最后一部分是 SetTarget() 函数：

```
public void SetTarget(Transform aTransform)
{
    followTarget = aTransform;
}
}
```

SetTarget() 函数专门用于拟合特定游戏的代码。游戏代码将玩家带入场景中，然后需要通过一种方法将玩家对象告诉摄像机，以便摄像机能够在游戏进行时围绕场景追随玩家对象。GameController 脚本找到主摄像机游戏对象，并使用 GameObject.SendMessage（一个 Unity 提供的函数）调用 SetTarget() 函数，将玩家的 Transform 作为参数传入。变量 followTarget 被设置为游戏代码传入的变换，以便摄像机追随。

13.2.3　第三人称 VR 摄像机装置

当 CameraParent 游戏对象上的脚本就绪后，在 Inspector 中进行查看以修改其结构并查看其在编辑器中的状态（图 13-3）。

VR Cam 组件有三个参数。它们是：

Target Speed：这是目标速度。

Maximum Velocity：这是摄像机实际移动的最大速度。

Acceleration：摄像机可以减缓或加快速度以达到目标速度。如果加速度值太小，摄像机有时会超过目标，并花很长时间反向加速以追踪目标。

通过修改 VR Cam 组件上的参数，能够实现许多不同的效果以适应游戏。较低的加速度将使停顿和运

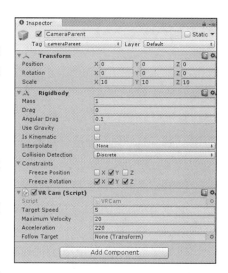

图 13-3　在 Inspector 中的第三人称摄像机组件

动之间的过渡更慢。如果以较慢的速度移动目标，降低目标速度将有助于在不影响转换速度的情况下降低摄像机的速度。

　　CameraParent 四处移动，并且 [CameraRig] 随之移动。如果在 Hierarchy 中展开 Camera-Parent 游戏对象，将会在其中找到作为子对象的标准 SteamVR 预设体 [CameraRig]。所有移动控制都作用在 CameraParent 上，并且 [CameraRig] 上没有特定的移动代码。

　　在本章的下一个部分，将介绍一些有点不寻常的东西：假鼻子。

13.3　假鼻子以及它如何闻味道

　　有一个很奇怪的理论是虚拟鼻子可以减轻 VR 晕眩症。普渡大学计算机图形技术系助理教授 David Whittinghill 表示，虚拟鼻子可以降低 13.5% 的模拟晕眩症（Venere, 2015）。Whittinghill 说："你经常看到你的虚拟鼻子。你习以为常，但它依然存在，那么它能够给你一个参考来帮助你定位。"

　　本书的这一部分将提供虚拟鼻子（图 13-4），并展示如何将其应用于 VR 模拟。

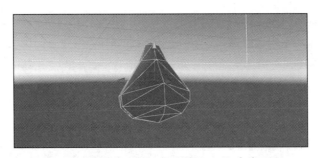

图 13-4　虚拟鼻子位于视野中心，几乎看不见

　　它并不总是需要作为一个鼻子。VR 游戏 Eagle Flight (Ubisoft) 使用一个类似鼻子的形状来减少玩家在巴黎天空中飞行时产生的晕动症。开发人员选择放置一个喙（毕竟你扮演的是一只老鹰）而不是一个人类的鼻子。代替鼻子的喙被证明能够以与常规鼻子相同的方式来帮助玩家。如果你不确定是否使用大鼻子，可以尝试另一种相似的形状来看看是否能达到相似的效果。

　　打开本章的示例项目。按照第 3 章中的方式导入 SteamVR 库。

　　在项目浏览器窗口打开 SteamVR 文件夹中的 Prefabs 文件夹并拖动 [CameraRig] 游戏对象到 Hierarchy 中。

　　在 Hierarchy 的顶部搜索框中输入 Camera，以便可以查看所有在名称中带有 Camera 的游戏对象。

　　将 Camera 保留在搜索框中，然后查看 Prefabs 文件夹并拖动 Nose 到 Hierarchy 中的

Camera（head）游戏对象之上，以便使鼻子成为 Camera（head）的子对象。接下来需要重新
定位鼻子，但它将会随摄像机移动，就好像附加在我们的脸上。删除 Hierarchy 顶部的搜索
框的内容，然后单击 Nose 以选中它。

在 Inspector 中，如下设置 Nose 游戏对象的 Transform 值：

Position:

X: 0
Y: −0.09
Z: 0.05

Rotation:

X: −105
Y: 0
Z: 90

Scale:

X: 10
Y: 10
Z: 10

摄像机的近切平面（Near Clipping Plane）为 0.05，鼻子的位置太靠近摄像机，可能导
致摄像机只渲染鼻子的部分。单击 Camera（eye）游戏对象，然后在 Inspector 中将近剪切平
面（在 Camera 组件上）更改为 0.02。

鼻子的颜色可能不符合你的喜好，或者与你虚拟角色的颜色不匹配。在项目浏览器窗
口中找到 Materials 文件夹以改变鼻子的颜色。单击 NoseSkin 素材。在 Inspector 中，在
Albedo 一词的右边是一个颜色样本（一个颜色的正方形）。单击颜色样本显示颜色选择器选
择新的鼻子颜色。由于该素材已应用于预设体的鼻子，因此场景中的鼻子会在选择颜色时自
动更新。

拿起头戴式显示器并点击 Play 以测试场景。集中视线于鼻子是很难的，这是预期的效
果。它的工作原理与普通的真实鼻子的可见性类似，能够意识到鼻子的存在，却无法仔细观
察它。在 VR 头戴式显示器内部，闭上一只眼应该能看到鼻子，但当直视前方时鼻子不会太
明显。

有些人可能会觉得鼻子分散注意力，而有些人可能觉得它有所帮助。因此实现虚拟鼻
子的最佳方法应该是允许使用者打开或关闭它。这本书提供的鼻子是我喜欢的入门级鼻子。
可以在其他地方找到一个更好的鼻子，但它足以演示这个理念。定制鼻子也能实现，例如皮
肤颜色和纹理选择。当使用深色鼻子时，在测试中鼻子将不那么明显，所以可以尝试各种颜
色以找出最不明显的鼻子效果。再次强调，鼻子只需要存在，不需要表现出完美又真实的对

焦。虚拟鼻子的存在只是为了欺骗大脑有一个常规的参考点。也可以尝试一些不同形状和大小的鼻子，以便选择鼻子在视野内的突出程度。

13.4　本章小结

本章研究了如何构建第三人称摄像机以便为使用者提供更舒适的体验。接下来研究了另一种通过覆盖减少视场以减少相对运动错觉的技术。本章的最后一部分讨论了添加虚拟鼻子。这可能看起来有点奇怪，但研究表明它可以在一些问题上起作用。这样就回到了第 12 章提出的观点，或许无法消除每个人的 VR 晕眩症，但至少可以提供一些工具来减轻其影响。像虚拟鼻子这种听起来很傻的东西，可能就是能制造更舒适体验的线索，你不知道谁会在公共领域体验你的模拟程序，些许改进都是值得考虑的。其次鼻子的形状、颜色和可见性可能会对不同的人产生不同的影响。试着找出最好的解决方法，尽量在选择鼻子的时候得到最佳效果。

第 14 章　*Chapter 14*

改善与优化

14.1　定制 SteamVR 管理器

有时你可能会注意到，例如在加载复杂的场景或做一些繁重的计算时，VR 世界会脱离你的 Unity 项目，或者在计算机繁忙时变白。这是由所谓的管理器引起的。管理器负责同步、失真、预测和其他，否则要想使 Unity 更好地工作以获得舒适的 VR 将是一个巨大的挑战的问题。默认情况下，当计算机繁忙时，管理器会显示一个空的世界，但实际上我们可以设置它来显示一个天空盒。天空盒使用了一个称为立方体映射的系统，在摄像机周围的立方体中投射六幅图像，以创造一个周围世界的幻象。

用于生成天空盒的图像可以在你自己的 Unity 3D 环境中生成，以提供一个更加平滑的过渡，并帮助用户沉浸在你的体验中而不会破坏主题。

在本节中，我们将使用一个简单的测试环境来尝试这个过程，并了解它是如何工作的。

为管理器创建一个 SteamVR 天空盒

打开本章的示例项目，然后像我们在第 3 章中所做的那样导入 SteamVR 库：从 Unity Asset Store 里面下载 SteamVR API。

在 Scenes 文件夹下，打开 Sky。

创建一个空游戏对象（单击 Hierarchy 顶部的创建按钮并选择 Create Empty）。命名或重新命名空游戏对象为 Skygen。

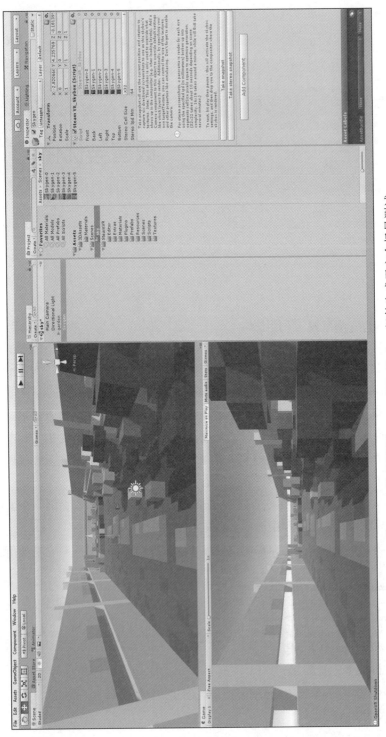

图 14-1　管理器添加 SteamVR_Skybox 组件生成天空盒场景测试

选定 Skygen 游戏对象，在 Inspector 中单击 Add Component 按钮。选择 Scripts 下面的 SteamVR_Skybox。

SteamVR_Skybox 脚本只需单击一次就可以完成任务，十分方便。单击 Take snapshot 按钮（图 14-1），Unity 即可构建天空盒图像。在 SteamVR Skybox 组件中，图像字段（前、后、左、右、上、下）将填充一些新生成的图像。

Take snapshot 按钮将从主摄像机中获取整个场景的 360 度视图抓拍快照。如果添加了 [CameraRig] 或任何其他的主摄像机到场景，无论哪个摄像机占主导地位，都会使用这个。

戴上头戴式显示器，点击 Play，预览场景。你应该可以像往常一样环顾四周，但如果你在 Unity 编辑器点击暂停，你就会发现 SteamVR 管理器控制了渲染，并显示了天空盒。有几个不同的地方，通常在阴影处，但是你应该能够看到天空盒正在工作。

系统生成的图像是从摄像机周围的每个方向生成的简单的 2D 图像（图 14-2）。天空盒是视频游戏图形中用来在 3D 环境周围创建天空错觉的一种传统方法。生成的图像用于形成一个盒子，由管理器在视图周围呈现，以 360 度视频或全景照片类似的工作方式创建一个环境的错觉。

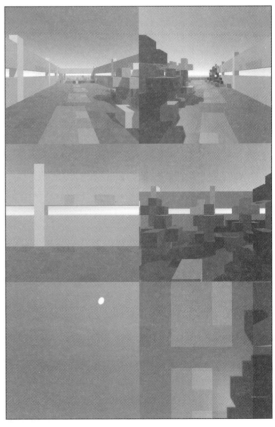

该系统生成的所有图像存放在一个名为 sky 的文件夹中，该文件夹将作为项目中的一个子文件夹出现在场景所在的任何文件夹中。在本演示中，即 Scenes 文件夹下面。你可以以将这些图像用于其他目的，例如用于模拟反射等其他用途。

平面天空盒效果已然不错，但也可以选择使用立体渲染来创建一个具有深度的错觉。这将使视图看起来更逼真，但是进行渲染需要花费更长的时间。立体图像生成过程只生成两幅图像，它们是为左 / 右立体视图设置的偏移一定距离的两幅全景图片（图 14-3）。

停止预览。在生成新图像之前，我们需要清除前一组图像。

在项目浏览器中，删除 sky 文件夹（在 Scenes 下面找到它，右键单击 sky 并选择 Delete）。

图 14-2　SteamVR_Skybox 组件生成一系列图像，以便 Unity 模拟渲染器繁忙时使用

图 14-3 管理器的两幅立体图像在格式上与常规的六幅用于立方体映射的图像明显不同

再次单击 Skygen 游戏对象，如果它尚未被选中，在 Inspector 中，单击 Take stereo snapshot 按钮，然后给它一点时间渲染。

戴上头戴式显示器，点击 Play 再次预览场景。暂停引擎，看看周围。

你可以在任何环境中使用这种技术，也可以只使用代码生成一个不同类型的环绕效果，以供管理器使用。它不必是游戏，也可能只是一个带有文本的环境模拟。

14.2　VR 优化

VR 需要硬件做更多工作，远远不止是为显示器或电视屏幕渲染一幅图像。对于 VR，需要为头戴式显示器渲染两幅图像。图像也需要快速更新，需要满足舒适体验所需的速度，因为运动追踪硬件试图跟上用户的移动速度。在目前的水平上，努力让体验的质量达到硬件所能承受的极限，并且尽可能地优化体验是很重要的。VR 开发中最难的部分之一就是在不破坏性能的情况下将许多东西填进仿真中。保持帧速率高，快速响应输入和提供流畅、直观的界面是为用户提供舒适、无恶心的虚拟现实体验的关键。它有时很难实现，但 Unity 提供了一些工具来帮助实现这一点，开发时谨慎一点，就可能提供真正高端的体验。

14.2.1　渲染信息统计窗口

优化之旅从渲染信息统计（Stats）窗口开始（图 14-4），它可以通过 Game 视图右上角的切换按钮访问。

图 14-4　Stats 窗口显示游戏视图中运行的信息统计

显示在 Stats 窗口中的信息包含：

主 CPU（CPU—Main）：处理和渲染 Game 视图单个帧所需的时间。计时器不包括编辑器所花费的时间，只是组装一帧的 Game 视图需要的时间。

渲染间隔（Render Tread）：不经处理渲染 Game 视图的单个帧所需的时间。它只是渲染所需的时间。

批量处理（Batches）：有多少个对象一起组成批量传输数据等待渲染处理。

批量保存（Saved by Batching）：在批处理过程中保存了多少渲染通道。它很好地指示了批处理优化过程在场景中有多大的帮助。

三角形和顶点（Tris and Verts）：三角形和顶点构成了整个 3D 世界。虽然渲染技术已经可以很好地处理它们，但是同样应该谨慎地控制其数量。

屏幕（Screen）：它是 Game 视图的当前分辨率，以及抗锯齿级别和内存使用。

通道数（SetPass）：渲染通道的数量。设置高的通道数将对性能产生负面影响。

可视蒙皮网格（Variable Skinned Meshes）：它是在 Game 视图中渲染的蒙皮网格的数量。

动画（Animations）：在场景中运行的动画数量。

14.2.2　性能分析器

为了准确地确定引擎的哪个环节工作最艰难、CPU 周期哪里花费最多，可以使用分析器（图 14-5）。在应用程序运行时，分析器收集所有模块的信息，如脚本、着色器、音频等，以显示它们如何使用系统内存、CPU 周期等有用的信息，这些都可以用来提高性能。

通过 Window 下面的 Profiler 来打开分析器窗口。这是分析器最基本的模式。打开之后，Unity 会记录运行数据并显示在图表上（图 14-6）。

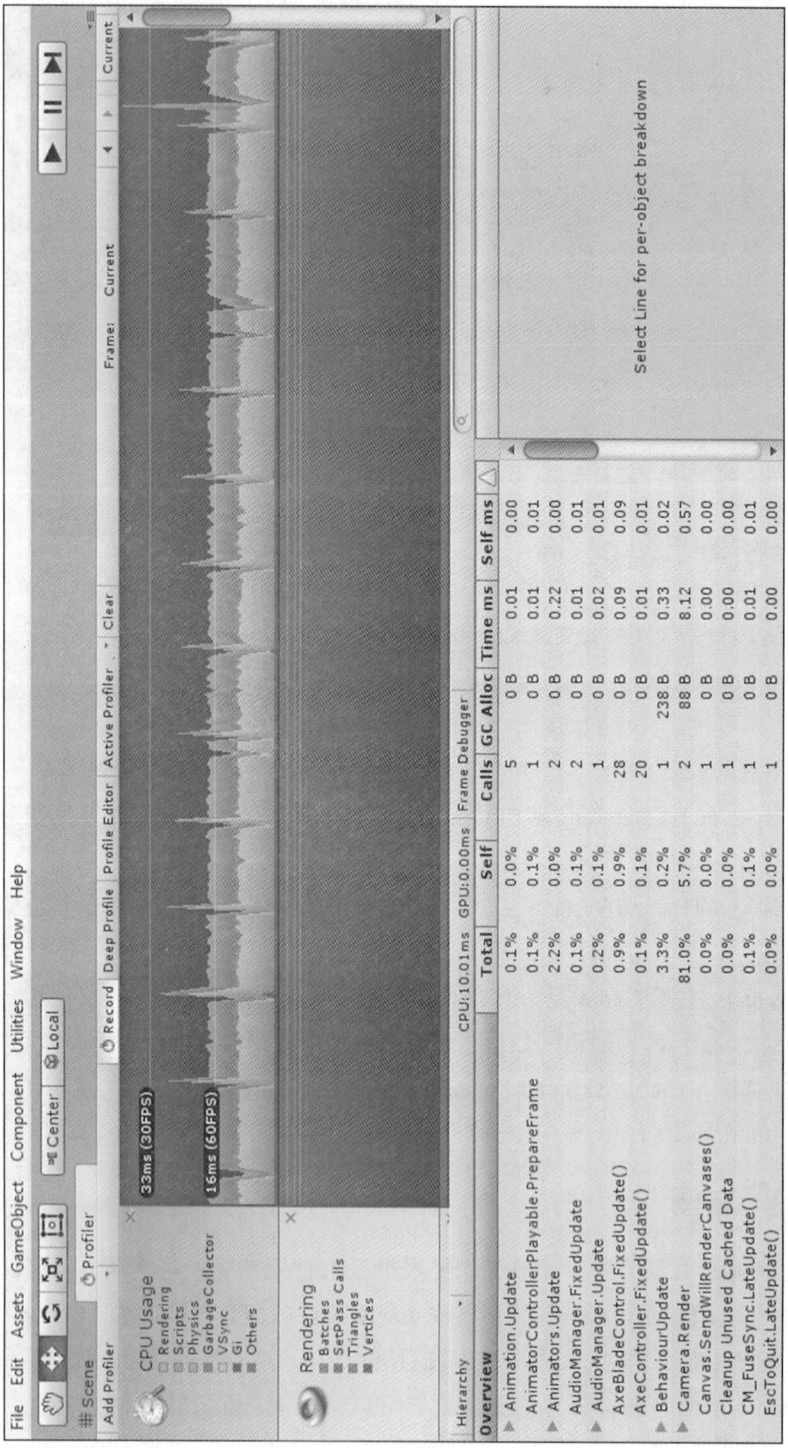

File Edit Assets GameObject Component Utilities Window Help

Scene
Profiler

Add Profiler

CPU Usage
- Rendering
- Scripts
- Physics
- GarbageCollector
- VSync
- Gi
- Others

Rendering
- Batches
- SetPass Calls
- Triangles
- Vertices

Record Deep Profile Profile Editor Active Profiler Clear Frame Debugger Frame: Current

33ms (30FPS)

16ms (60FPS)

CPU:10.01ms GPU:0.00ms

Hierarchy

Select Line for per-object breakdown

Overview	Total	Self	Calls	GC Alloc	Time ms	Self ms
Animation.Update	0.1%	0.0%	5	0 B	0.01	0.00
AnimatorControllerPlayable.PrepareFrame	0.1%	0.1%	1	0 B	0.01	0.01
Animators.Update	2.2%	0.0%	2	0 B	0.22	0.00
AudioManager.FixedUpdate	0.1%	0.1%	2	0 B	0.01	0.01
AudioManager.Update	0.2%	0.1%	1	0 B	0.02	0.01
AxeBladeControl.FixedUpdate()	0.9%	0.9%	28	0 B	0.09	0.09
AxeController.FixedUpdate()	0.1%	0.1%	20	0 B	0.01	0.01
BehaviourUpdate	3.3%	0.2%	1	238 B	0.33	0.02
Camera.Render	81.0%	5.7%	2	88 B	8.12	0.57
Canvas.SendWillRenderCanvases()	0.0%	0.0%	1	0 B	0.00	0.00
Cleanup Unused Cached Data	0.0%	0.0%	1	0 B	0.00	0.00
CM_FuseSync.LateUpdate()	0.1%	0.1%	1	0 B	0.01	0.01
EscToQuit.LateUpdate()	0.0%	0.0%	1	0 B	0.00	0.00

图 14-5 分析器

图 14-6　分析器顶部的按钮可自定义并选择分析的级别

1）分析器模式

记录（Record）　"开始"或"停止"性能数据记录。每当选中此按钮且性能分析器窗口处于激活状态（打开或隐藏在另一个选项卡后面，但未关闭）性能将被分析。

深度分析（Deep Profile）　性能分析器记录不同方面的模拟数据传入，但是如果想深入并让编辑器记录所有级别脚本和对象，则需要启用深度分析。通过单击 Profiler 窗口顶部的按钮栏中的 Deep Profile 按钮来启用它，深度分析将监视应用程序的一切运行。其缺点是会占用大量的资源和内存，当它激活时，将无法做很多事情。项目很可能会下降到几个帧每秒，因为每一行代码被执行，每个模块都会在单位时间被引擎渲染或操作。

分析编辑器（Profile Editor）　性能数据记录是否包括 Unity 编辑器，这是可以切换的。在正常情况下，可以不检查这一点，但是如果决定使用或构建编辑器插件或其他扩展件，它可能会非常方便，以确保一切正常运行。

主动分析器（Active Profiler）　对于 SteamVR 来说，以目前的情况而言，没有真正的理由去处理这个问题。这个模式让你可以附加分析器到不同设备，在移动或控制台开发中，即需要在实际设备上分析应用程序运行，而不是在编辑器中分析时有用。

清除（Clear）　清除记录所有性能数据的分析器窗口。

2）波形告诉你什么

分析器窗口采用时间线的形式，显示任何主动分析器的性能数据记录。你可以单击时间线并拖动以查看沿时间线在特定时间记录的数据。

窗口左边的列表是可用的分析器，当前选择的类别将被高亮显示，当前选择的类别将接管时间线。分析器列表中的分析器是活动的，并且在分析器记录时记录，但是图表中显示的数据仅属于当前选定的分析器。

3）分析器类型

不同的可用分析器有：

中央处理器（CPU）：中央处理器（CPU）是计算机内部的处理器。

图形处理单元（GPU）：图形处理单元（GPU）是指显卡主板上的处理器。

渲染（Rendering）：渲染分析器揭示实际渲染花费多少时间，以及时间是如何花费的。

内存（Memory）：模拟所使用的内存太高时会影响性能。当内存满时，计算机系统可能会被迫移动东西以容纳新的资源等，这会浪费宝贵的 CPU 周期。

音频（Audio）：一些声音对性能的影响可能很小，但是一旦你的听觉变得更加复杂，它就开始可以影响很多东西。音频分析器会让你了解播放中的声音，以及它们是如何影响内存、CPU 的使用等。

物理（Physics）：物理引擎的过载会使程序运行变慢。物理分析器能让你了解关于物理引擎的最新有用统计消息以及所有物理对象是如何运行的。

2D 物理（Physics 2D）：Unity 也可以制作 2D 游戏，3D 和 2D 物理分别通过一个引擎内的两个不同的物理引擎来处理，所以 2D 物理分析需要由 2D 物理分析器单独完成。

网络消息（Network Messages）：在制作多人游戏或联网项目时，网络消息分析器将帮助确定网络资源是在哪里被使用以及如何被使用的。

网络运行（Network Operations）：当正在进行多人或网络项目时，网络运行分析器提供分析网络特定功能，如同步变量和远程过程调用（RPC）。

可以拖放这些分析器来对它们进行重新组织、移除（例如集中在特定分析指标上，剔除不必要的分析器），或者点击 Add Profiler 按钮添加新的分析器。

4）用法示例

为了演示分析器是如何工作的，我将介绍一个基本的虚拟场景。

示例：渲染。在这个例子中，我设置了深度分析以便分析器可以在深层次上记录性能数据。我查看 CPU 分析器中的图表（图 14-7），可以立即看到大多数图形都以绿色或蓝色显示。根据图左侧注释，我们可以看到绿色代表渲染，蓝色代表脚本。图表下面是概览。默认情况下是 CPU 使用情况排序，顶部是最大 CPU 使用量。在这里，我可以看到 BehaviourUpdate 在列表的顶端，这说明更新脚本占据了最大的资源消耗。

在概览展开查看 BehaviourUpdate，我发现 GameController.Update() 位于顶端。这说明 GameController 脚本可能需要一些改进。然后继续展开 GameController.Update，Object.FindObjectsOfType() 在其顶部。FindObjectsOfType() 函数是 Unity 查找游戏对象的内置函数，当它被频繁调用或在错误的位置调用时是一个相当大的性能消耗。回到 GameController 脚本，在 Update() 函数中看到以下语句：

```
targetCount = FindObjectsOfType<TargetController>().
Length;
```

由于 Unity 每次调用 Update（每一帧）时 FindObjectsOfType() 都会被调用，这对我的性能造成了很大影响（注意：在 Unity 5.5 中，FindObjectsOfType 对性能的实际影响比以前的版本要小得多，但我仍然建议不要在像这样的更新函数中使用）。我把它移到 Start 函数中，因为我的目标数量从未改变，所以在那里可以用一个计数替代。为了查看发生了什么，重新运行分析器，可以看到 BehaviourUpdate 不再位于概览的顶端（图 14-8），这个简单的修改已经使游戏的性能提升—BehaviourUpdate 的 CPU 使用率从 21.7% 下降到了 6.8%。

Profiler
Add Profiler

● Record | Deep Profile | Profile Editor | Active Profiler | ▼ Clear

Frame: 364 / 481　　Current ►

Selected: Object.FindObjectsOfType()

CPU Usage ×
■ Rendering
□ Scripts
□ Physics
■ GarbageCollector
□ VSync
■ Gi
□ Native Memory
■ Others

16ms (60FPS)

10ms (100FPS)

5ms (200FPS)

Rendering ×
■ Batches
■ SetPass Calls
■ Triangles
■ Vertices

1.8k　377
1.1M　782.7k

Memory ×
■ Total Allocated
■ Texture Memory
■ Mesh Memory

430.9 MB　193.4 MB
13.9 MB　121
7.5k　10.2 MB

CPU:8.94ms　GPU:0.00ms　Frame Debugger

Hierarchy Overview	Total	Self	Calls	GC Alloc	Time ms	Self ms
▼ BehaviourUpdate	21.7%	0.9%	1	1.1 KB	1.94	0.08
▼ GameController.Update()	4.1%	0.0%	1	394 B	0.37	0.00
▲ Object.FindObjectsOfType()	3.8%	0.0%	1	160 B	0.34	0.00
▲ Int32.ToString()	0.1%	0.0%	3	84 B	0.01	0.00
String.Concat()	0.0%	0.0%	1	62 B	0.00	0.00
Text.set_text()	0.0%	0.0%	1	0 B	0.00	0.00
Object.stelemref()	0.0%	0.0%	6	0 B	0.00	0.00
SteamVR_Render.Update()	2.7%	0.1%	1	0 B	0.24	0.01
PhysSoundObject.Update()	1.4%	0.4%	8	0 B	0.12	0.04
RandomEyes3D.Update()	1.1%	0.3%	2	0 B	0.10	0.02
Billboard.Update()	1.1%	0.3%	16	0 B	0.10	0.03
Butterfly.Update()	0.5%	0.0%	1	0 B	0.04	0.00
HTSpriteSheet.Update()	0.3%	0.0%	1	0 B	0.03	0.00
CanvasScaler.Update()	0.2%	0.0%	6	0 B	0.02	0.00

Object	Total	Self	Calls	GC Alloc	Time ms	Self
N/A	3.8%	0.0%	1	160 B		0.34

图 14-7　分析器图显示 BehaviourUpdate 占据了 CPU 最大的资源消耗

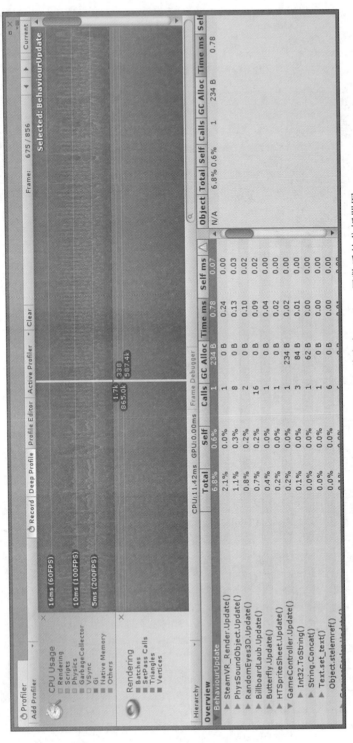

图 14-8 将 FindObjectsOfType() 移出主 Update 函数后的分析器图

在修改 GameController 脚本之后，分析器显示最大性能损失不再是脚本造成，现在最大 CPU 消耗是渲染，但这是另一回事了！也许批量处理会有帮助？

14.2.3　批量处理

当渲染器将图像放在屏幕上显示时，它必须处理每一块几何、照明信息、所有的着色器和纹理，并将所有相关信息发送到显示系统。CPU 进行 PC 内部的所有数学计算，而GPU 则基于图形卡对图形进行特定的处理。两者结合在一起是非常强大的，可以实现意想不到的效果，但 VR 对两者的要求都很高。硬件面临的巨大挑战是如何处理大量的数据来支持我们试图实现的体验：网格、着色器和纹理需要占用很多的带宽。在游戏引擎中，有一种称为渲染通道的度量，Unity 开发人员过去常引用绘制调用以获得性能，这些调用已被渲染通道所取代。简单地说，渲染通道计数是指将有关对象的信息发送到 GPU 的次数。保持低的渲染通道计数对于减少带宽和保持良好的性能是至关重要的。Unity 提供了内置的批量处理系统，当多种绘制调用有共同的特性，例如使用相同的素材时，就会变成一个单独调用。当网格保留在一个位置上时，它们也可以组合为静态几何体。

14.2.4　遮挡

有时，并非所有 3D 环境中的静态对象都会被使用者看到。可能是障碍物挡在对象和摄像机之间，或者摄像机可能看向另一个方向。为什么即使它们不可见，还要将它们全部渲染呢？

遮挡剔除是指当静态对象在摄像机中不可见时跳过渲染的过程，也就是无论是超出摄像机的可见范围，还是隐藏在其他对象的后面。Unity 的遮挡剔除系统已被定义到一个非常简单的设置过程中，它将帮助你每秒挤出一些额外的帧而自身只需处理少量的工作。

1）Unity 示例项目尝试遮挡

在 Unity 中打开第 13 章 Chapter13_Project_Occlusion 的例子，查找 Scenes 文件夹并打开名为 occlusiontest 的场景。

主摄像机位于一个 3D 立方体围绕的圆圈内（图 14-9）。我们将设置遮挡剔除系统以隐藏在摄像机的视野之外的任何立方体。

首先，引擎需要分辨哪些对象是静态的。遮挡剔除只适用于静态对象。在场景视图中单击一个立方体，以在 Inspector 中显示。勾选 Inspector 右上角标记为 Static 的复选框。

对剩余的立方体重复此过程。它们都需要将 Static 复选框勾选才能使其正常工作。注意，不管出于任何原因，将对象设置为静态仅用于遮挡目的，请使用 Static 下拉菜单来选择单个静态属性。

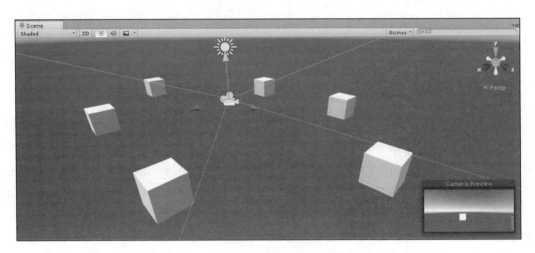

图 14-9　本例中主摄像机被立方体包围

2）遮挡面板

遮挡面板上有设置所需的所有东西。通过 Window 下面的 Occlusion Culling 打开遮挡面板，遮挡面板将作为 Inspector 上的单独选项卡打开。

窗口顶部有一个场景过滤选项。选项分为全部、渲染器或遮挡区域，默认设置是全部。在该场景过滤部分，单击遮挡区域，你应该注意到 Hierarchy 中显示的游戏对象将消失，因为编辑器会过滤非遮挡区的任何类型的对象。因为目前没有遮挡区域设置，因而 Hierarchy 是空的。

遮挡区域是用来告诉 Unity 哪些区域是用于剔除的。这意味着选择影响哪些区域是由开发者决定的。如果你打算进行遮挡剔除以影响整个场景，实际上不需要任何遮挡区域。另外可以在遮挡面板上点击 Bake 按钮，Unity 会计算整个场景所需的遮挡数据。下面介绍添加一个遮挡区域，毕竟不可能总是想要剔除整个场景。

3）添加遮挡区域

单击遮挡面板中的 Create New(Occlusion Area) 按钮（图 14-10）。在场景视图中，应该会出现一个新的绿色立方体，这是基于遮挡区域的可见引导，可以被拖放、调整大小等，就像普通的游戏对象一样。

遮挡区域每个面上都有句柄，用来调整其大小。可以使用常规的对象移动模式来拖动它们。抓取侧面的句柄并将它们拉动，使该区域覆盖摄像机周围的所有立方体（图 14-11）。

图 14-10　遮挡面板在编辑器的同一部分中显示为与 Inspector 相同的面板

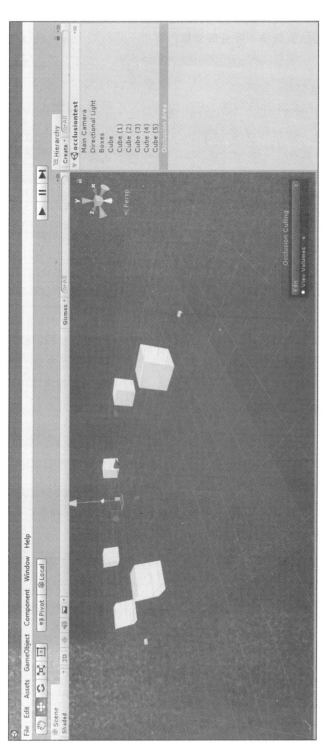

图 14-11 遮挡区域需要覆盖所有用于遮挡要包含的对象

遮挡区域将用于计算可见性数据，然后在运行时使用这些数据来决定哪些模型是可见的，哪些是不可见的，哪些是要渲染的对象，哪些不是。如果摄像机位于遮挡区域之外，遮挡剔除将不会工作。你需要确保摄像机可能去的任何地方都被遮挡区域所覆盖。

4）Bake 遮挡单元

在遮挡面板的下面右侧是一个 Bake 按钮。单击 Bake 按钮 Unity 会计算所有遮挡数据。场景窗口将发生变化。这些数据单元是 Unity 的遮挡系统用来创建二叉树的数据单元。二叉树可能是这个范围之外的一个复杂主题，所以我们将不再深入。如果读者有兴趣深入挖掘的话，可以很容易地在网上找到一些关于二叉树的信息。

尝试演示项目：检查游戏视图上方的最大化播放复选框是否未选中，编辑器布局同时显示游戏视图和场景视图。我们希望能够在场景视图中看到剔除，但仍然能够看到摄像机在游戏视图中看到的内容。

点击 Play 预览场景。摄像机将根据鼠标位置旋转。移动鼠标向左或向右移动，注意场景视图中的立方体是如何出现和消失的，这取决于它们的可见性。

遮挡剔除对于合并成单个大网格的游戏环境最不实用，而当在可能容易隐藏或渲染的单独对象创建的环境时最有用。Unity 的地形系统也会受遮挡剔除影响，这在以地形为特征的帧速率友好场景中有很大帮助。

14.2.5 快速代码技巧

最重要的代码技巧是缓存所有使用 GetComponent() 以常规调用的代码或函数访问的对象引用，如 Update()、FixedUpdate() 或 LateUpdate()。如果反复引用变换或 GameObject 游戏对象，最终可能会对性能产生负面影响。声明变量以存储引用会更有效。

在此，我们将比较本章"遮挡"部分两个版本的鼠标旋转脚本。在摄像机中添加脚本作为组件，并根据鼠标位置作用于摄像机围绕其 y 轴旋转。

比较糟糕的方式是这样写：

```
using UnityEngine;
using System.Collections;

public class MouseMove : MonoBehaviour {

    void Update () {
        Vector3 tempVec = transform.eulerAngles;
        tempVec.y = Input.mousePosition.x;
        transform.eulerAngles = tempVec;
    }
}
```

比较好的方式是这样写：

```
using UnityEngine;
using System.Collections;

public class MouseMove : MonoBehaviour {

    private Transform myTransform;
    private Vector3 tempVec;

      void Start () {
        myTransform = GetComponent<Transform>();
    }

      void Update () {
        tempVec = myTransform.eulerAngles;
        tempVec.y = Input.mousePosition.x;
        myTransform.eulerAngles = tempVec;
      }
}
```

在上面的两个脚本中，你可能注意到的第一件事是缓存引用涉及更多的工作。这可能比较麻烦，并且当需要快速完成任务时，糟糕的那种方式可能看起来更有吸引力。当然，这样更容易编写，但是对性能的影响很快就会出现在性能分析中，因而像后者那样编写是值得养成的良好编程习惯。

在糟糕的方式中，我们使用转换命令来处理附加到与此脚本相同的游戏对象上的 Transform 组件。

优先考虑代码在更新周期中运行的位置

当使用 MonoBehaviour 派生类时，游戏引擎会在更新周期的不同时间内自动调用许多函数。为了提高性能，应该考虑一下代码运行位置。举个例子，你可能不需要在以固定帧速率调用的函数中运行 UI 更新，而在其他工作完成后，放在 LateUpdate 中运行效率将会更高。

大量自动调用的函数（Unity 称之为 Messages）可以阅读 Unity MonoBehaviour 文档以查看更多信息，相关网址为 https://docs.unity3d.com/ScriptReference/MonoBehaviour.html，最常用的函数是：

Awake()—当加载脚本实例时，调用 Awake()。这使它成为不依赖于其他游戏对象的初始化的最佳位置（因为其他游戏对象在此阶段可能还没有初始化）。

Start()—它是在调用任何更新之前调用的。在脚本实例加载后，在场景开始时调用，它将只被 Unity 调用一次。

Update()—Update() 函数每帧都调用。不能依赖于定时，所以要么需要自己实现定时，要么在这里避免更新位置信息或物理信息。

FixedUpdate()—每一固定帧调用。

LateUpdate()—在所有 Update() 函数完成调用之后调用，这对于更新主更新或最后物理信息更新之后发生的事件非常有用。例如，摄像机代码可能最好放在 LateUpdate 中，因为摄像机通常对着主循环中移动的对象，有时如果没把摄像机放在 LateUpdate() 内，会引起抖动。

OnEnable()—每当对象启用并处于活动状态时，就调用这个函数。

OnDisable()—每当对象被禁用时，会调用这个函数。

作为一项规则，我通常只在物理更新（如应用力度）时使用 FixedUpdate()。如果代码可以写入 Update() 或 Lateupdate()，则建议写入，这样程序运行量相对写入 FixedUpdate() 会少一些。

14.2.6　几何建模

正如本书前面所提到的，VR 对硬件要求很高，电脑在渲染虚拟环境时极具艰难。由于我们处于 VR 的早期阶段，我们所要达到的体验类型就在大多数计算机硬件所能处理的最高端。在虚拟世界的替代方案中，大多数 VR 规格的显卡都会被要求渲染达到在桌面系统上可正常接受的东西。在一个合理的质量损失范围内折中一下，尽量减少负载，将是一个很大的帮助。

1）材质

纹理贴图是使用一个纹理映射的过程，它包含将多个不同纹理组合成一幅图像（图 14-12）。这样大尺寸的多纹理以不同方式映射到多个表面或 3D 对象，减少 CPU 向 GPU 发送纹理数据的次数，减少绘制调用。减少绘制调用反过来也就提高了性能。

图 14-12　纹理贴图将多个纹理组合成一个，可以节省内存并有助于提高性能
（肯尼游戏资源公司提供—www.kenney.nl）

遗憾的是，纹理贴图并不仅仅是纹理的组合，它要求 3D 模型 UV 平铺展开以映射适应模型贴图。3D 工程师应该在贴图前构画好组合纹理贴图，因为当个体图像贴上后就很难再重新在模型贴图。

2）细节层次

当一个 3D 模型离摄像机越来越远时，它的细节就不那么清晰了。当模型离摄像机太远，所有细节都会丢失的时候，渲染就没有什么意义了。因此细节层次（LOD）提供了一个解决方案。许多视频游戏使用 LOD 来根据模型与主摄像机的距离绘制多个版本的模型。通常，模型是相同的形状，但包含不同的细节级别，当你越来越接近的时候，使用更详细的网格，当你越来越远离的时候，就会使用不太详细的网格。这在一定程度上简化了处理过程——可能会减少网格的数量，减少需要绘制的三角形的数量，减少绘制调用，还可能会减少渲染当前摄像机视图所需的纹理大小。

LOD 要求 3D 工程师制作同一个网格的多个版本，但是在复杂游戏中对于性能的提升是巨大的。大多数商业游戏都采用某种 LOD 系统，如果你在 21 世纪初玩过任何 3D 游戏，可能会看到一些叫做"弹窗"的东西，其中细节层次之间的切换非常明显，并且围绕主摄像机周围环境不断变化会产生一种弹窗效果。现在，我们通常使用透明度变化和网格细节层次变化的衰变效果处理，巧妙地利用衰变、准确的距离，以及巧妙地定位，几乎可以向使用者完全隐藏切换过程。

Unity 有一个内置的 LOD 组选项。要利用它，首先需要创建一组网格，名称以 _LOD 结尾，后面跟着一个数字，例如，CAR_LOD0、CAR_LOD1、CAR_LOD2、CAR_LOD3 等，需要多少 LOD，就可以用多少。Unity 默认 0 是最详细的模型，数字越高，LOD 的级别越低。

当你导入这样的网格序列时，将自动为对象创建具有适当设置的 LOD 组。将主模型添加到场景中时，将已经自动附加有一个 LOD 组组件（图 14-13），但是如果需要，也可以通过 Inspector 中的 Add Component 按钮添加一个 LOD 组组件。可以在 Rendering 下面的 LOD Group 下找到。

LOD 组用于管理游戏对象的细节层次（LOD）。使用 LOD 组件，可以选择 LOD 模型转换的位置并添加一个渐变的效果。

还有两个全局 LOD 设置，可以通过 Unity 编辑器内的 Edit 下面的 Project Settings 中的 Quality，在 Quality Settings（质量设置）菜单中找到。在质量设置中，有两个适用于 LOD 的设置。分别是 LOD Bias（LOD 偏差）和 Maximum LOD（最

图 14-13　LOD 组组件配置了 LOD 系统如何选择要渲染的网格

大 LOD 级别)：

❑ LOD Bias

当需要在两个级别之间决定时，LOD Bias 将确定 LOD 系统如何决定使用哪个级别。较低的偏差倾向于较少的细节，偏差高于 1 倾向于使用较高的质量级别。

Unity 文档提供了一个例子，当 LOD 偏差设置为 2，其距离更改为 50%（在 LOD 组件上设置），LOD 实际上只更改了 25%。

❑ Maximum LOD Level

构建中不包括低于最大 LOD 级别的模型，这意味着我们可以为正在构建的设备类型自定义 LOD 系统，而无须重建或更改已经高端设备就绪的 LOD 设置。低端设备可能不需要最高的细节级别，而最大的 LOD 级别意味着可以将其数值降低，这样在构建中就只使用较低的质量级别。

❑ Automated LOD

如果构建单独的网格工作量太大，可能需要考虑购买一个自动化的解决方案。其中一个这样的解决方案是由 Orbcreation 提供的 Simple LOD，Unity 资源商店可下载，它可以生成 LOD 网格，并且用很少的工作实现自动设置。在 Unity 资源商店中还提供了其他一些 LOD 解决方案和工具，例如 Ultimate Game Tools 的 Automatic LOD（自动 LOD 工具），是否使用取决于预算、程序需要以及方案目标。

14.3 本章小结

在本章的开头，我们研究了生成天空盒的方法，以供 SteamVR 在场景过渡期间使用。通过让使用者保持在虚拟世界中，尽管只是在一个看起来是虚拟环境的静态天空框内，想象力也会使使用者在虚拟世界中停留得更久一些。为了让我们的虚拟体验者感到舒适，有更高的体验质量，访问 Unity 的分析器是一个很好的选择，可以了解如何使程序运行更顺畅。在本章中，我们查看了分析器的分析性能，还介绍了遮挡。遮挡意味着游戏引擎只需要绘制可见的内容，通过省略不需要绘制的 3D 几何来节省宝贵的处理时间。在查看遮挡系统之后，我们还介绍了一些编码技巧，并给出了一些保持几何高效的提示和技巧。

所有游戏项目都经过了某种优化和完善阶段，你的虚拟现实项目也应该效仿。因为如果你的虚拟现实体验是面向公众的，或者它将在未知的系统上运行，你无法确定该系统离头戴式显示器生产商推荐的最小规格的差距。除了硬件本身，其他因素也经常起作用。比如后台运行的其他程序或任何可能作为操作系统一部分运行的 CPU 密集型后台任务。因此，作为 VR 开发人员，我们的工作是尽量优化我们的体验，而不损害太多的视觉保真度。帧速率应尽可能高且尽可能平滑，这可能需要一定工作量才能达到，但从长远看，这将使体验者更欣赏这个作品。至少，应该仔细研究一下分析，以确保没有什么低级的错误导致你的虚拟仿真以低于最佳的速度运行。如果可以，尽量在项目结束时安排优化和完善时间。请确保在这个阶段你不会还在添加功能。对于最后的优化来说，项目应该是 100% 功能完整的。但是，在整个开发过程中，依然应该在多个优化阶段中进行调度。运行分析器、检查遮挡和反复检查代码以获得更有效的方法在理想情况下应该在整个生产过程中安排几次。我很现实，而且我明白，在生产环境中每周这样做可能是不可接受的，但你至少应该把它作为开发规划的重要因素，比如作为生产里程标，这就是一种方式。在 VR 中，保持帧速率是非常重要的。根据目前的技术，优化是实现这一目标的关键。

第 15 章

展望未来及写在最后的话

15.1　未来

　　未来就是现在，但明天还有更远的未来，其中有一些非常酷的技术！新兴的技术制造商将在他们的领域用各种方式来改进和发展我们的虚拟体验。在这一节中，我们将以一个小小的视角来结束这本书，看看 VR 在不久的将来会发生什么。

15.1.1　无线头戴式显示器

　　使用手机播放的 VR 头戴式显示器，已经证明了它们在市场上的地位，而且相对于台式机而言，它们最大的优势之一是不用连接线连接电脑。移动头戴式显示器，比如 Google Carboard，就是一种无线体验，不受距离或位置的限制。人们可以在任何地方使用移动虚拟现实，它经常在公共交通、户外和公共空间（如咖啡商店或餐馆）使用。随着房间规模 VR 的发展，以及 VR 体验建立在更大的环境中，这种类型的自由变得越来越重要，因为用户需要能够自由地漫游体验而不被绑在计算机上。

　　连接线给 VR 体验带来了几个问题：限制了移动、给头戴式显示器增加了额外的重量、它们使观众保持在现实中的地面而远离体验的沉浸、很容易被电缆绊倒意味着用户需要时不时了解电缆的位置。HTC 最近开放了一款名为 TPCast 的 Vive 无线外围设备的预购，Oculus 也展示了一款无线头戴式显示器的预览，并且可能会在未来的某个时候推向市场。看起来，桌面电脑驱动的 VR 的下一步可能是移除电缆，完全实现无线功能。

　　Visus VR (http://www.visusvr.com/) 已经展示了未来的一瞥，它采用了另一种方法来解决这个问题，桌面计算机提供实际的图形和处理，使用手机作为屏幕。这款头戴式显示器包含了移动设备并且内置了专用的无线跟踪系统。由于移动设备只用于显示，所以最低规格比普通的移动 VR 要低。

15.1.2　背包式笔记本电脑

通过无线网络发送数据给对于更长距离的 VR 体验带来了很难解决的挑战。几家计算机制造商正在提供一种笔记本电脑的解决方案，该笔记本电脑功能强大到可以运行 VR，设计为在背包中运行。一台背包电脑，如 MSI VR-One，可以连接到 VR 头戴式显示器中，避免了拖线的需要。Rift 摄像机需要通过 USB 电缆连接，所以它们并不是这里的选择，但是当背包笔记本电脑与 Lighthouse（灯塔）等技术（Vive 使用的 Valve 的内外位置跟踪系统）相结合时，它可以提供一个完整的桌面计算机驱动的虚拟现实体验，而不需要任何种类的电缆。

15.1.3　仓储级体验

VR 公司 WorldViz 正在将运动追踪提升到更高的水平。他们的技术允许用户在一个仓储大小的空间内行走，并且仍然可以被运动感知系统追踪。这项技术非常适合大规模的体验，例如 VR 主题公园和 VR 街机体验（如 Laser Tag）。

目前为止，我们专注于扩展游戏空间的方法以让 VR 不被计算机限制。除了扩大虚拟世界的范围外，硬件制造商也在显著改进我们与虚拟世界的交互。

15.1.4　视线追踪

一些专家认为，视线追踪将大大改善 VR。追踪瞳孔的位置和注视的方向可以帮助开发人员预测使用者想要完成的任务。带视线追踪的 VR 硬件可以通过渲染你所看到的细节，而在其他地方使用低质量的渲染来提供性能提升。这与人脑处理通过人眼图像的方式相似，可能会带来更现实的体验和图像效果，以再现用户的注视聚焦和深度场。

15.1.5　光场 VR

Nvidia 和斯坦福大学已经提出了一种让虚拟现实体验更舒适的方法。根据研究人员的研究（Kramida 和 Varshney，2016），在虚拟世界中，视线聚焦的方式可能会导致视觉冲突。这个主题很复杂，但总结如下：我们的眼睛使用真实世界的距离作为焦点，当它不在那里时，眼睛不能以自然的方式活动，这可能导致眼睛疲劳，甚至可能成为加重 VR 晕眩症的诱因之一。光场 VR 允许使用者的眼睛做出更自然的反应，并在焦点线索上休息，减少紧张，让眼睛从更接近他们在现实世界中的注视对象的方式工作，以获得更舒适的体验。

2013 年 11 月，Nvidia 的研究人员 Douglas Lanman 博士和 David Luebke 博士在 ACM SIGGRAPH Asia 上发表了一篇论文，阐述了公司的近眼光场显示原型（Lanman and David, 2013）。

目前，近眼光场 VR 头戴式显示器仍处于早期原型阶段，而在 2016 年洛杉矶虚拟现实博览会（Virtual Reality Los Angeles Expo）上展示的版本还没有准备好进行商业销售，价格和具体情况在本书写作时还没有公布。

15.1.6　光像素 VR

Microsoft Research 发现了一种廉价的方法，可以在 VR 头戴式显示器镜头中使用 LED 阵列来扩展视野。LED 被点亮，就像它们是巨大的像素一样，当它们正处于我们眼睛所看到的极限时，颜色和亮度的变化就足以让我们的大脑感到更舒适，并减少 VR 晕眩症。据研究显示，这款头戴式显示器的视野要宽得多。随着科技的发展，VR 头戴式显示器制造商是否会在这段时间内开始整合这个系统，或者选择等待更大的屏幕，会是一件有趣的事。有关这方面的更多信息，可以观看 YouTube 视频：https://www.youtube.com/watch?v=af42CN2PgKs。

15.1.7　Khronos VR

我们已经看到虚拟现实市场正在分化。多个专有的运行时和驱动程序意味着开发人员需要在设备上查看他们的体验。Razer、Valve 和 Google 等许多行业领袖正在共同努力，让 Khronos VR 重现生机。Khronos VR 正在开发一种用于 VR 应用程序连接 VR 硬件的标准方法。对于开发人员来说，这可能是一个巨大的帮助。目前，我们必须依靠一些技巧和修改来运行针对专门头戴式显示器的内容。虽然仍处于早期开发阶段，但如果采用 Khronos VR，将为 VR 消费者带来更多的选择和更好的整体支持。更多信息请访问 khronos.org。

15.2　结语

自本书第一页以来，这就是一个疯狂又了不起的旅程。如果一直研究这本书中的项目，你将会从安装硬件和下载软件一直到研究诸如 Leap Motion 这样的前沿技术。我认为这本书有你使用 SteamVR 来进行虚拟现实开发需要的东西，不管只是一小部分还是全部。我之所以选择使用 SteamVR 库而不是其他硬件的系统，原因之一是它的灵活性和软件的质量，以最低的成本为你提供最广泛的可能用户和最多的设备。使用 SteamVR 系统意味着我们只需要为不同设备和设备类型管理一个基础代码。Steam VR 与 Steam 商店、OSVR 兼容性、Steam 社交网络和下载客户端进行了全面集成，提供了一个功能丰富、涉及面广的环境，为坚实的社交体验做好了准备。

　　既然我们已经走到了这段旅程的终点，我希望你继续带着这本书中的内容，把你的虚拟现实想法带到生活中。虚拟空间是一个没有规则的地方，这使它成为一个有点刺激又可以尝试不同的东西的完美地方。我们在视频游戏和模拟游戏中建立的所有规则和惯例都是为了虚拟现实而建立或完全重写的。不要认为传统的方法是最好的或者唯一的方法。在虚拟世界中，这一切都是未知的。如果一件事感觉很自然，不管它是什么或者看起来有多愚蠢，你应该关注它，看看它的走向。十年后，你今天的一个简单的疯狂想法可能会成为未来交互的惯例。变得古怪，追求非凡的体验，而不是随波逐流！

　　请让我知道你创造了什么，因为我很愿意听。在 Twitter @psychicparrot 上可以找到我，一起大声喊出来：创造，探索，快乐，另外请永远照顾好你自己和其他人。

　　在游戏中体验快乐吧！

参 考 文 献

3Dfx Interactive 3D chipset announcement. *Google Groups.* Last modified November 26, 1995, accessed April 11, 2017. https://groups.google.com/forum/?hl=en#!msg/comp.sys.ibm.pc.hardware.video/CIwBRIX9Spw/YQIsql5GwAYJ.

Allen, B., T. Hanley, B. Rokers, and C. Shawn Green. 2016. Visual 3D motion acuity predicts discomfort in 3D stereoscopic environments. *Entertainment Computing* 13: 1–9.

Andersen, G. J. and M. L. Braunstein. 1985. Induced self-motion in central vision. *Journal of Experimental Psychology: Human Perception and Performance* 11(2): 122–132.

Artaud, A. 1958. *The Theatre and Its Double: Essays.* Translated by Mary Caroline Richards. New York: Gross Press.

Doulin, A. 2016. Virtual reality development tips. *Gamasutra: The Art & Business of Making Games.* Last modified June 14, 2016, accessed April 11, 2017. http://www.gamasutra.com/blogs/AlistairDoulin/20160614/274884/Virtual_Reality_Development_Tips.php.

Evarts, H. 2016. *Fighting Virtual Reality Sickness.* The Fu Foundation School of Engineering & Applied Science, Columbia University. Last modified June 14, 2016, accessed April 11, 2017. http://engineering.columbia.edu/fighting-virtual-reality-sickness.

Fernandes, A. S. and S. K. Feiner. 2016. Combating VR sickness through subtle dynamic. *2016 IEEE Symposium on 3D User Interfaces (3DUI).* Greenville, SC, 201–210.

Hall, C. 2016. Sony to devs: If you drop below 60 fps in VR we will not certify your game. *Polygon.* March 17. Accessed December 12, 2016. http://www.polygon.com/2016/3/17/11256142/sony-framerate-60fps-vr-certification.

Hurd, D. and E. Reidland. 2016. 'Lucky's Tale': The unexpected delight of third-person virtual reality, a technical postmortem. Video. Accessed on April 11, 2017. http://www.gdcvault.com /play/1023666/-Lucky-s-Tale-The.

Kisner, J. 2015. Rain is Sizzling Bacon, Cars are Lions Roaring: The Art of Sound in Movies. *The Guardian.* July 22. Accessed December 12, 2016. https://www.theguardian.com/film/2015/jul/22/rain-is-sizzling-bacon-cars-lions-roaring-art-of-sound-in-movies?utm_source=nextdraft&utm_medium=email.

Kolansinski, E. M. 1995. *Simulator Sickness in Virtual Reality.* Technical Report, Alexandria, VA: United States Army Research Institute for the Behavioral and Social Sciences.

Kolasinski, E. M. 1996. *Prediction of Simulator Sickness in a Virtual Environment.* Dissertation, Orlando, FL: University of Central Florida.

Kramida, G. 2016. Resolving the vergence-accommodation conflict in head-mounted displays. *IEEE Transactions on Visualization and Computer Graphics* 22(7): 1912–1931. doi:10.1109/tvcg.2015.2473855.

Lang, B. 2016. Touch and Vive Roomscale Dimensions Visualized. Road to VR. December 5. Accessed December 12, 2016. http://www.roadtovr.com/oculus-touch-and-htc-vive-roomscale-dimensions-compared-versus-vs-visualized/.

Lanman, D. and D. Luebke. 2013. Near-eye light field displays. *ACM Transactions on Graphics (TOG)* 32(6). doi:10.1145/2508363.2508366.

Murray, J. W. 2014. *C# Game Programming Cookbook for Unity 3D*. Boca Raton, FL: CRC Press.

Sell, M. A., W. Sell, and C. Van Pelt. 2000. *View-Master Memories*. Cincinnati, OH: M.A. & W. Sell.

Statista. 2016. Virtual Reality (VR)—Statistics & Facts. *statista*. Accessed December 12, 2016. https://www.statista.com/topics/2532/virtual-reality-vr/.

Venere, E. 2015. 'Virtual nose' may reduce simulator sickness in video games. Purdue University. Last modified March 24, 2015, accessed April 11, 2017. http://www.purdue.edu/newsroom/releases/2015/Q1/virtual-nose-may-reduce-simulator-sickness-in-videogames.html.

Weinbaum, S. G. 1949. *A Martian Odyssey: And Others*. Reading, PA: Fantasy Press.

Wikipedia, "Binary Tree," *Wikipedia, The Free Encyclopedia*. Last modified April 15, 2017. https://en.wikipedia.org/w/index.php?title=Binary_tree&oldid=773837683.

推荐阅读

Unity 3D人工智能编程

作者: Aung Sithu Kyaw 等 ISBN: 978-7-111-50389-7 定价: 59.00元

Unity游戏开发实战（原书第2版）

作者: Michelle Menard ISBN: 978-7-111-51642-2 定价: 79.00元

游戏开发工程师修炼之道（原书第3版）

作者: Jeannie Novak ISBN: 978-7-111-45508-0 定价: 99.00元

网页游戏开发秘笈

作者: Evan Burchard ISBN: 978-7-111-45992-7 定价: 69.00元